マンホール：意匠があらわす日本の文化と歴史

低頭看見腳下的歷史藝術館

人孔蓋

石井英俊 著

章蓓蕾 譯

彩色特集

人孔蓋上看到的日本文化與歷史

據說日本全國的人孔蓋多達一千四百萬個。人孔蓋通常給人低調又不起眼的印象，而事實上，很多彩色人孔蓋圖案卻是根據全國各地名勝古蹟或名產來設計的。

內文照片編號▶發現的地點（內文頁數）

照片說明範例

原由

001▶三重縣伊勢市（→p1）

有＊符號的市鎮町村名稱，都是我發現人孔蓋時的名字，也就是說，都是合併前的舊市鎮町村名稱。

108▶秋田縣秋田市（→p13）

111▶茨城縣水戶市（→p16）

101▶東京都（→P8）

114▶群馬縣前橋市（→p18）

125▶新潟縣新潟市（→p25）

115▶埼玉縣埼玉市（→p19）

124▶新潟縣新潟市（→p24）

127▶富山縣富山市（→p26）

117▶千葉縣千葉市（→p20）

122▶長野縣長野市（→p23）

139▶大阪府大阪市（→p34）

130▶福井縣福井市（→p28）

143▶奈良縣奈良市（→p36）

136▶滋賀縣大津市（→p33）

149▶廣島縣廣島市（→p41）

150▶廣島縣廣島市（→p41）

155▶香川縣高松市（→p44）

162▶熊本縣熊本市（→p48）

145▶鳥取縣鳥取市（→p38）

214▶山梨縣富士吉田市（→p63）

202▶静岡縣静岡市（→p57）

204▶静岡縣富士市（→p58）

223▶埼玉縣三芳町（→p67）

203▶静岡縣静岡市（→p57）

201▶静岡縣清水市*（→p56）

211▶静岡縣燒津市（→p61）

221▶東京都小平市（→p66）

235▶秋田縣十文字町*（→p74）

218▶山梨縣河口湖町*（→p64）

241▶福井縣武生市（→p77）

227▶北海道京極町（→p70）

歷史建築
312▶埼玉縣川越市（→p92）
かわごえし
おすい
315▶山形縣鶴岡市（→p94）
HAKODATE
306▶北海道函館市（→p87）
316▶山形縣酒田市（→p95）
313▶埼玉縣岩槻市*（→p92）
人形のまち いわつき
310▶愛媛縣宇和町*（→p90）
330▶埼玉縣行田市（→p104）
ぎょうだ
おすい
城樓
322▶愛知縣犬山市（→p99）
おすい
336▶新潟縣松代町*（→p108）
326▶秋田縣五城目町（→p102）
348▶大阪府岸和田市（→p116）
きしわだし
うすい
352▶大分縣中津市（→p119）
なかつ·おすい
せきやど
おすい
331▶千葉縣關宿町*（→p106）

411▶秋田縣能代市（→p130）

412▶秋田縣湯沢市（→p130）

409▶宮城縣石巻市（→p129）

414▶秋田縣男鹿市（→p131）

416▶秋田縣角館町*（→p132）

祭典

407▶岩手縣釜石市（→p128）

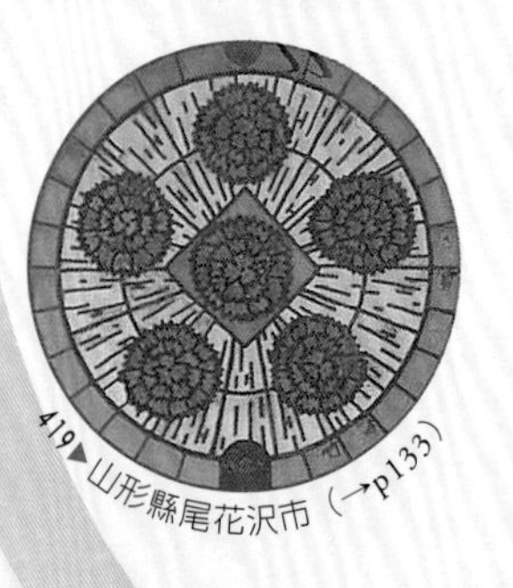
419▶山形縣尾花沢市（→p133）

426▶埼玉縣上尾市（→p138）

420▶山形縣大江町（→p134）

430▶神奈川縣平塚市（→p140）

429▶東京都福生市（→p139）

傳統表演藝術

456▶石川縣輪島市（→p158）

450▶東京都八王子市（→p155）

459▶埼玉縣毛呂山町（→p161）

454▶新潟縣月潟村*（→p158）

532▶奈良縣大和郡山市（→p185）

524▶埼玉縣小川町（→p180）

519▶福岡縣久留米市（→p177）

539▶山形縣天童市（→p189）

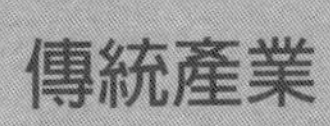

傳統產業

528▶埼玉縣大宮市*（→p183）

550▶福岡縣甘木市*（→p197）

544▶青森縣黑石市（→p193）

551▶福岡縣芦屋町（→p198）

612▶埼玉縣吉川市（→p209）

601▶北海道函館市（→p202）

614▶富山縣冰見市（→p210）

特產品

2▶茨城縣總和町*（→p234）

615▶長野縣明科町*（→p211）

611▶岩手縣宮古市（→p208）

626▶長野縣飯田市（→p219）

624▶長野縣三郷村*（→p218）

640▶山形縣寒河江市（→p227）

田縣神岡町*（→p247）

717▶埼玉縣戶田市（→p250）

701▶長野縣長野市（→p238）

715▶神奈川縣橫濱市（→p248）

709▶埼玉縣埼玉市（→p244）

運動

前言

初次的邂逅，是三重縣伊勢市的人孔蓋。

也就是照片001那個畫著「蔭參」景象（圖畫裡的江戶百姓正要前往伊勢神宮祈求庇蔭）的人孔蓋。相信很多人看到這種畫面，肯定會覺得「好有趣」。我就是其中一人。也因爲十八年前看到這個人孔蓋，我才會開始收集全國人孔蓋的照片。之後，我踏遍全國各地城鎮鄉村，拍了一千六百多張照片。旅途上，我的夥伴是一輛折疊腳踏車，有時我騎著它向前飛奔，有時我盯著火車時刻表，匆匆在各地車站轉車。

退休前，我在東京都下水道局上班，不過我的專長是「檢查污水處理場的水質」，跟人孔蓋毫無關係。或許也算我幸運吧，雖然從事著跟下水道有關的工作，結果卻對人孔蓋設計產生了濃厚的興趣，就連辦公室的同事都覺得我是個怪人呢。

日本全國的下水道工程是由城鎮鄉村等各自治機關獨自營運，人孔蓋也是由各地

001

自行負責設計。從照片裡可以看出，大多數人孔蓋的圖徽花紋，都是以代表自治單位的「花、木、鳥」爲主，此外，還有各式各樣的主題，譬如祭典、風景、跟當地歷史有關的事物或名產。而更令人深感有趣的是，即使是相同的花、木、鳥，也有千百種不同的描繪方式。

譬如照片002是青森縣弘前市的人孔蓋，各位看出那是什麼圖案了嗎？答案是蘋果。照片003是群馬縣草津町的人孔蓋，由九個日文片假名「サ（SA）」構成的圖案，「九」的日文發音「KU」跟「SA」連起來，就是草津的「草（KUSA）」。諸如此類，很多人孔蓋的花紋圖案，簡直就像猜謎語似的，充滿神祕色彩。

但是反觀國外的案例，除了少數爲防滑而印上圖徽之外，幾乎很少看到日本這種畫入城鎮鄉村特徵的人孔蓋。跟國外絕對講求合理的作風相比，日本的人孔蓋讓我們窺見「奢侈、餘裕」、「熱愛故鄉」等日本文化的片鱗半爪。想必這些特點也正是令外國朋友著迷的理由。

本書提到有關人孔蓋圖案的由來，都是我從地名辭典、各城市村鎮的

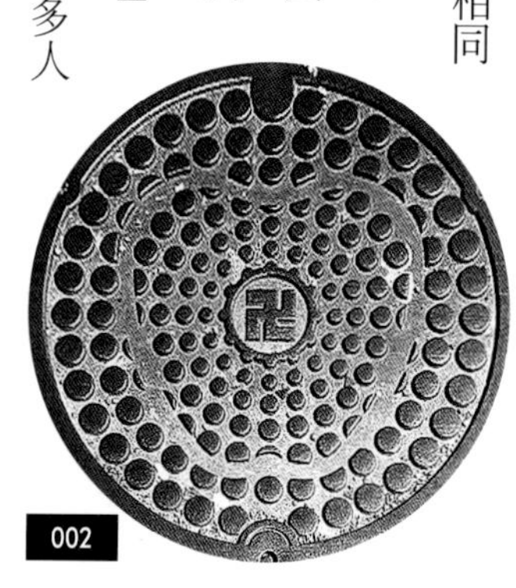
002

003

觀光指南等資料中查到的訊息；此外，我還向讀者介紹一些特別有趣的人孔蓋，這些蓋板並不僅限於下水道專用，有些也屬於消防栓、自來水等其他公共事業。至於書中提到的彩色人孔蓋，我盡量根據自己的記憶，標示出設置場所。但因爲經年累月不斷有人車從上面壓過，或許有些人孔蓋早已磨損得看不出原樣了吧。

此外，一九九九年至二〇一〇年之間，日本的自治機關曾掀起所謂的「平成大合併」風潮，許多城鎮鄉村的名稱有所改變。有些地方因而重新設計人孔蓋圖案，也有些地方只更改了名稱，人孔蓋圖案依舊沿用從前的設計。在下水道普及率較高的地區，比較不容易看到重新設計的人孔蓋。因爲一般更換舊人孔蓋的時候，總是先把從前用剩的存貨拿來替補。有些城鎮鄉村的名稱雖因合併而消失，但人孔蓋上仍然「寫著從前的舊名」，讓我們暫時還能欣賞一段時日。

最後再說明一下，書名的「MANHOLE」這個名詞的日語漢字是「人孔」，意指「爲管理與維修地下工程設施而興建的建築整體」。說得更準確一點，本書討論的主要對象其實是「人孔的蓋子」，但爲了減少贅字，請允許我在書中一律稱之爲「人孔蓋」。

現在，就請各位一面欣賞本書收集的人孔蓋，一面隨我前往日本各地遊覽一番吧。

※ 000 000 …… 附加在人孔蓋照片的編號共分兩種。
標示白底黑字的人孔蓋照片刊載在卷首的彩色特集裡。

目錄

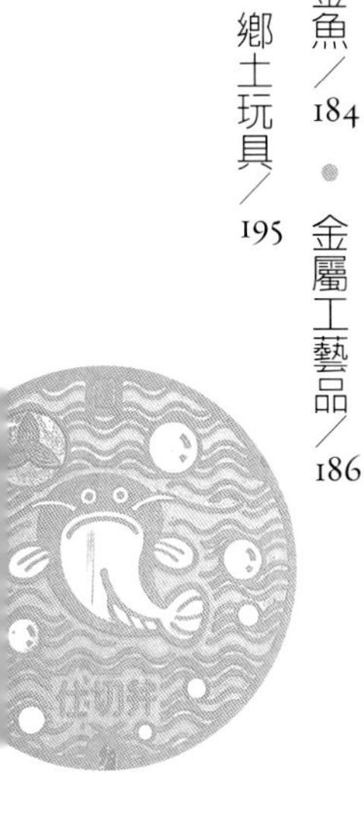

1 走訪地方政府所在地

首都・東京

現在，就讓我們來欣賞日本地方政府所在地的人孔蓋吧。這趟縱斷全日本的人孔蓋之旅，起點就是首都・東京。

人孔蓋圖案最常見的題材，就是花、木、鳥等。因爲很多城鎮鄉村都喜歡用花、木、鳥等作爲地方的標誌。

東京市也不例外，照片101就是東京的下水道人孔蓋。東京的市花是吉野櫻，市樹是銀杏，市鳥則是百合鷗。各位在照片裡看出百合鷗畫在哪裡了嗎（解答請看照片101的圖片說明）？這種探索隱密圖案的遊戲，也算是尋訪人孔蓋之旅的妙趣吧。

日本各地城鎮鄉村的下水道工程，是由自治機關自行營運，但東京市卻是由都政府統籌管理二十三區的下水道，主要目的是爲了提高處理污水的效率。也因此，市內

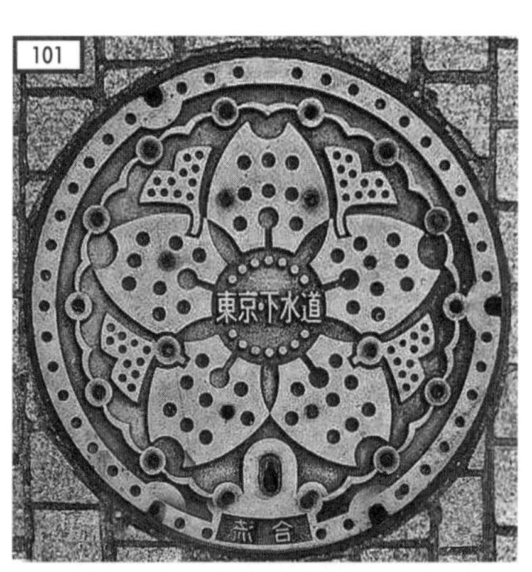

組成圓圈外圍的十三個波浪形圖紋其實是百合鷗。

102

昭和三十年代（一九五〇年代）以前，東京市所需自來水的水源大約八成來自多摩川，現在多摩川提供的水源則不及全部用水的二成。但對東京市民來說，多摩川仍是非常重要的水源。

人孔蓋上畫的都是東京的象徵標誌。

至於多摩地區的污水管道，雖然是由城鎮鄉村自行鋪設，但其他相關的基礎設施，譬如污水處理場，連結各地的大型管道（幹線）埋設工程等，還是由東京市負責。照片102是多摩地區污水管幹線的人孔蓋，也是爲慶祝千禧年而特別製作的紀念品。圖案主題是以多摩川爲中心的多摩地區風景。左側是污水處理場，另外還畫了幾條香魚。因爲多摩地區的下水道日漸普及後，水質越來越潔淨，從前住在河裡的香魚又重

位於東京新宿副都心的東京市政廳。

豆知識……地下工程結構進行保養或維修時，「人孔」是連接到地面的通道口。由於洞口鑿在地面，大小足容一人進出，平時當然需要加蓋。人孔通常都開在路面上，因此人孔蓋的材質必須具備相當的強度與重量。

新回到多摩川來了。人孔蓋中央下方寫著「流向多摩川」，並註明人孔蓋的所在位置到多摩川的距離。本書這張照片的人孔蓋上標明距離爲「三・一四公里」。

北海道・東北地方

下面就讓我從北向南，向各位介紹全國各地的人孔蓋。

◉北海道

照片103是北海道札幌市的人孔蓋。札幌是日本最北的政令指定都市，人口在全國都市當中排名第四。每年大約吸引一千三百萬名觀光客到這裡旅遊。在全國城鎮鄉村魅力度排名當中，札幌每年都能名列前茅。照片的人孔蓋上，除了這座城市的象徵標誌「時計台」之外，還有豐平川裡歡快戲水的「鮭

103

魚」。時計台的建築從前是札幌農校的武道館，在周圍的高大建築物包圍下，依然顯得氣勢雄偉。時計台四周的圖案則是札幌的市樹紫丁香。

◉ 青森縣

青森市位於青森縣的中央，是一座人口超過三十萬的中核城市，同時也是青森灣岸的交通重鎮。人孔蓋上畫的是東北最具代表性的夏季祭典「睡魔祭」（照片104）。每年都吸引了三百多萬觀光客前來觀賞，一九八〇年已被政府指定為國家重要無形民俗文化財。青森市的人孔蓋上畫著勇猛武士形象的「睡魔」，還有許多擔任祭祀舞者的「跳人」，正在「睡魔」前方精神抖擻地舞動身體。

104

◉ 岩手縣

盛岡市是岩手縣的縣府所在地，也是北上盆地北部的行政、教育、文化、交通的中心城市，但是很可惜，我在這裡並沒找到「創意人孔蓋*」。雖然也有像照片105或照片106裡那種印著市徽

（位於中央的圓圈裡）和幾何圖案的幾款類型，但那些圖紋的效果主要還是爲了防滑。

105

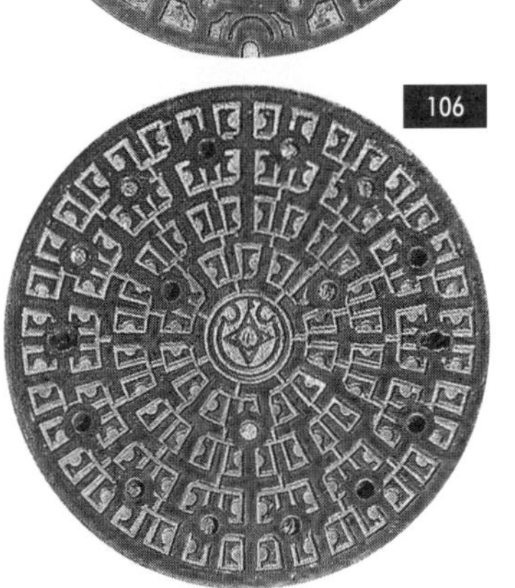
106

◉ 宮城縣

宮城縣的縣府所在地仙台市，向來有「杜之都」的稱號。

一六〇一年，伊達政宗將自己的居城從岩出山移到這裡，並將舊日的地名「千代」改爲「仙台」。但因爲後人曾在舊城遺跡附近發現另一個地名，叫做「川內」，這個名詞的愛努語發音爲「色・耐」（意指「廣闊的河流」），跟「仙台」的日語發音相近，所以有人認爲這才是「仙台」一詞的語源。照片107的人孔蓋圖案是荻花，也是仙台市的市花。市花是在一九七一年，仙台市舉辦健康都市宣言十週年紀念活動時，由全體市民投票決定的。荻花盛開的季節在每年九月中旬。

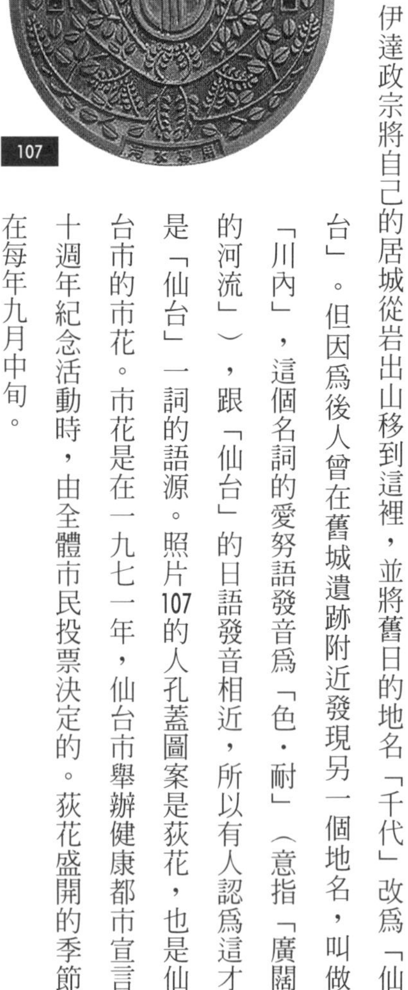
107

◉ 秋田縣

秋田市的人孔蓋圖案是「竿燈」（照片108）。有名的「竿燈祭」是東北三大祭典之一（三大祭典指「青森睡魔祭」、「秋田竿燈祭」、「仙台七夕祭」），已被指定爲國家重要無形民俗文化財。這項祭典的主要目的是爲了祈禱五穀豐收，最初只用竹竿做成竹架，掛上許多燈籠，由民眾彼此較量，爭相扛起，看誰的力氣最大，慢慢地，競爭的重點從「蠻力」變成「技巧」，參賽者分別以額頭、肩頭、腰部等處頂起竿燈，而且必須保持平衡。竿燈當中規模最大的，叫做「大若」，長度爲十二公尺，重達五十公斤，架上的燈籠共有四十六個。有時表演者還要用另一根竹竿撐起竹架，或另外掛上其他的飾物，更加提升技術的難度。等到夜晚降臨，燈架上的燈籠全

108

從江戶時代流傳至今的「秋田竿燈祭」。

＊創意人孔蓋：以當地名產或特色為主題而設計製作的人孔蓋。

點亮起來，金黃色的光輝令人聯想到稻穗。我在市中心的人行道上還看到了彩色人孔蓋。最後讓我特別介紹一下，秋田也是我的故鄉，直到現在，我仍然依稀記得小時候觀賞竿燈的景象。

◉山形縣

山形市的人孔蓋圖案是紅花（照片109），也就是山形市的市花。紅花是菊花的一種，也是山形縣的縣花。剛開始綻放花苞時的紅花是黃色的，然後才會慢慢變紅，可以用來做成正紅色染料。古時的京都女性都用紅花爲嘴唇增添色彩，或用來染紅衣裳。而現代的我們則又重新認識到天然染料的可貴，紅花依然被用來當作染料。另一方面，花瓣曬乾後加工爲料理材料「亂花」，可用來做菜或當作食物的染色劑。除了紅花之外，山形縣也種植了大量的食用菊花，更有趣的是，其中有一種紫色食用菊，名字竟然叫做「豈有此理」。

109

◉福島縣

照片110是福島市的人孔蓋。第一次看到這幅畫面的人或許覺得難以理解，事實上，畫中景象所描繪的是「信夫三山破曉參拜」（信夫山是由熊野、羽黑、羽山等三部分組成）。這項祭祀活動於每年二月十日、十一日連續進行兩天，當地民眾將一只長十二公尺，寬一．四公尺，重達兩噸的「大草鞋」，合力抬到信夫山羽黑神社獻給神明。每年在雪花飄舞中，無數民眾爲了祈求除厄避災、五穀豐收、腰腿勇健，一齊抬起大草鞋走向神社。照片裡的人孔蓋中央部分就是「大草鞋」。除了這項活動外，每年夏季舉辦的「福島草鞋祭」，也是來自上述的「破曉參拜」。民眾抬著大、中、小等各種尺寸的草鞋排成遊行隊伍，一面隨著草鞋調的節拍舞蹈，一面緩步穿過市區。東北地方這種以祭典爲主題的人孔蓋非常多，也算是當地一大特徵。

110

豆知識……人孔蓋因為設置在地面上，所以也叫做地上人孔蓋（地面上的人孔蓋），它的功能不僅是單純的蓋板，同時也擔負了承載車輛與行人通過的任務。

北關東地方

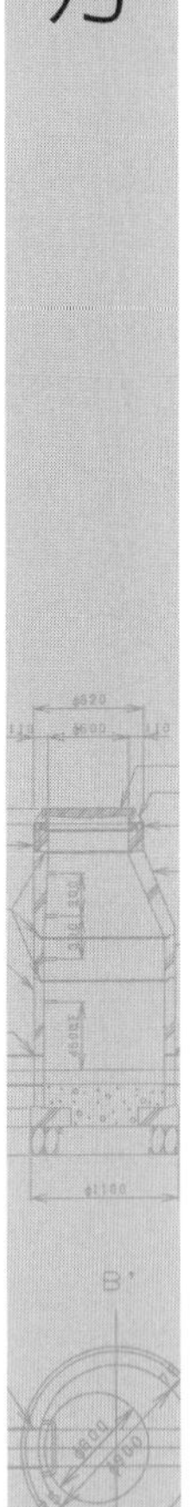

茨城縣

茨城縣的縣府所在地是水戶市。照片111的人孔蓋上畫著紅白兩色梅花，而梅樹正是水戶市的市樹。日本三大庭園（指金澤市的「兼六園」、岡山市的「後樂園」、水戶市的「偕樂園」）之一的「偕樂園」位於水戶市，園內的梅花十分有名，每年到了梅花祭的時期，甚至還有臨時列車直達偕樂園車站。

111

照片裡的彩色人孔蓋，是我越過仙波大橋的時候，在人行道上發現的。另外還看到一個畫著都市吉祥物「水戶小姐」、梅花與市徽的彩色人孔蓋。「水戶小姐」的形象是一位可愛的女孩，髮型很像包納豆的稻草包，身上穿著的和服，很像民間故事人物水戶黃門的服裝。

照片112也是水戶市的人孔蓋，但是蓋上卻畫著豬牙花，

水戶市西部的內原地區的代表。

跟內原町的象徵圖徽一樣。內原町已在「平成大合併」期間變成水戶市的一部分，也就是說，內原町跟水戶市合併之後，仍然使用以前這種舊圖徽的人孔蓋。對我們人孔蓋粉絲來說，這種貼心的做法實在令人高興。

栃木縣

栃木縣的縣府在宇都宮市。照片113的人孔蓋圖案是宇都宮市的市徽和市樹銀杏。市徽採取宇都宮城（龜丘城）的古名，以龜甲形和宇都宮的「宮」字，混合組成圖案。提起宇都宮市，大

113

豆知識……絕大多數的人孔蓋都設置在路上，所以蓋板作為「部分道路」必須具備相應的機能。由於人孔蓋的設計基準是根據橋梁設計基準而訂，所以人孔蓋也有「路上之橋」的稱號。

家都知道這地方是座「餃子城」，市內提供餃子的餐廳或專門店超過兩百家以上。所以我也懷著「萬一」的期待，四處搜尋，但至少到目前爲止，我還沒找到以餃子爲主題畫的人孔蓋。

◉ 群馬縣

前橋市是群馬縣的縣府所在地。市內的人孔蓋畫的是玫瑰花，也就是市花（照片114）。這些彩色人孔蓋上的玫瑰，除了粉色、黃色、白色之外，還能看到藍色的花朵。但事實上，玫瑰本身並不含藍色素，最近研究人員利用基因重組技術，改變了玫瑰的遺傳基因排列，才培養出世界上史無前例的藍玫瑰。將它稱爲夢幻的玫瑰，應該是當之無愧了。另一方面，市內的自來水人孔蓋畫的是杜鵑花，這也是前橋市的另一種市花。

114

南關東地方

◉ 埼玉縣

二〇〇一年五月一日，浦和市、大宮市、与野市三市合併爲埼玉市，並改制爲政令指定都市。二〇〇五年四月一日，岩槻市也被納入埼玉市的編制。據說四市合併後的新都市曾經重新製作人孔蓋，但我尋訪了很久，一直沒有找到。後來終於找到一塊，也就是照片115的那個人孔蓋。蓋上畫著一片櫸木林，櫸木也是埼玉市的市樹。樹林前方還畫了市花櫻草和櫻花。右下方寫著「合流*」二字。另外還有一款設計的下方則寫著

115

豆知識……不論任何尺寸，絕大多數人孔蓋都是圓形。採用長方形人孔蓋的涵洞，幾乎全都屬於瓦斯、電氣、電話、通信線纜、自來水或消防栓等其他相關事業，而且這類涵洞深度都比較淺。而採用多角形人孔蓋的下水道，大部分的開口都很寬，深度也非常深。

「雨水」（照片116）。兩種款式的主題花木都一樣，只有圖案布局稍有改變。

◎千葉縣

千葉市於一九九二年四月一日改制成爲政令指定都市。千葉市的人孔蓋（照片117、118）有兩款，一款畫著櫸木和「大賀蓮」，另一款畫著小燕鷗。

117

兩款人孔蓋上都畫了代表千葉市的樹、花、鳥，但因爲設計構圖不太一樣，看起來就像兩款截然不同的人孔蓋。大賀蓮是古代才有的蓮花，因爲有人在遺跡裡發現了兩千年前的種子，加以栽培後，種子居然發了芽，

118

116

並開出花來。現在這些大賀蓮都種植在市內的千葉公園裡，每年六月下旬至七月是開花期。一九五四年，大賀蓮被指定爲千葉縣天然紀念物。至於圖畫裡的小燕鷗，這些海鳥每年都從境外飛到千葉的海灘產卵，養育雛鳥。

◉ 神奈川縣

橫濱市的人孔蓋（照片119）上畫著橫濱的象徵標誌橫濱海灣大橋。這座橋的位置剛好在橫濱港的入口附近，當初設計的時候，就已設定海面至大橋的高度，足夠容納豪華客輪從橋下通過。橫濱市四周環繞許多山丘，站在這些小山上俯視市內街道時，一眼就能望見橫濱海灣大橋與橫濱地

一九八九年開通的橫濱海灣大橋。

＊合流：下水道分為兩種，一種是承接雨水的雨水下水道，另一種則是排放生活廢水的污水下水道，所以人孔蓋上必須明確標示「雨水」或「污水」（p53）。雨水與污水共用同一管道的下水道稱為「合流式」下水道，必須在人孔蓋上標明「合流」。

標大廈。

除了上述那款之外，聽說市內還有一款畫著帆船「日本丸」的人孔蓋，所以我就在市內到處探尋。有一天，當我騎著自行車從未來港的高樓群中穿過時，終於在人行道上找到了那款人孔蓋（照片120）。帆船「日本丸」目前由「日本丸紀念公園」保管，並開放給社會大眾參觀。訪客可以走上甲板欣賞帆柱與各式各樣的繩索，也能進入船艙遊覽。不僅如此，公園主管單位還定期進行滿帆展示，把船上所有的船帆都撐開，重現當年「日本丸」航行大海時的雄姿。據說「日本丸」從前揚帆前進的身影優雅無比，甚至因而獲得「太平洋天鵝」的雅稱。

120

船帆全收狀態的日本丸。

甲信越地方

山梨縣

甲府市是山梨縣的縣府所在地，市內的人孔蓋畫著石竹花圖案（照片121）。不瞞各位，其實我暗自期待的是戰國武將武田信玄的圖案，因為一走出甲府車站，我就被信玄的銅像吸引過去。不過畫著石竹花的人孔蓋，全國除了甲府市之外，就只有神奈川縣的秦野市了，應該算得上是珍貴難得的圖案吧。

121

長野縣

眾所周知，長野市等於是善光寺周圍的商業區不斷擴大之後形成的城市。我在長野車站前面發現了彩色人孔蓋，上面的圖案是蘋果的花朵和果實（照片122）。踏出市內鬧區沒幾步，

122

就能看到郊區全都種滿了蘋果樹。我經過的那條道路兩邊也種著蘋果樹，樹上的果實正在逐漸變紅。長野市是跟青森縣齊名的蘋果產地，蘋果花也是長野市的市花。

越過千曲川，來到郊外後，我又發現另一款人孔蓋，圖案雖然也是蘋果花，卻又加入許多纖細的花紋（照片123）。圖案裡凸起的部分，全都印上方格狀的紋路，或許是因爲長野地處寒冷地區，需要藉此達到防滑的目的。而像這樣運用設計技巧，來提高人孔蓋防滑效果的努力，對於只知尋找創意人孔蓋爲樂的我來說，實在不得不深感欽佩啊。

◉新潟縣

新潟市是本州唯一瀕臨日本海的政令指定都市，我在市內看到多款的創意人孔蓋，照片124就是其中之一。首次看到這款沒有著色的圖案時，我完全看不出上面畫些什麼，直到我在車站前看到了彩色版，才發現圖案裡畫的是新潟的象

123

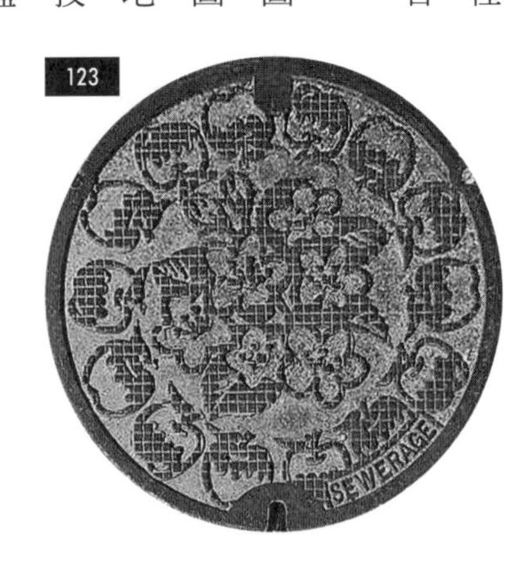

124

徵標誌，也就是橫跨信濃川的萬代橋。拱形橋柱正是這座大橋的特徵。爲了找出藏在圖案裡的謎底，我可是花了好大一番工夫呢。圖案裡特別以紅色標出的部分，看起來就像英文字母「N」。這一點也不能忽略。因爲「N」是從「新潟」（NIGATA）的英文名稱而來。

我在新潟市還看到另一款畫著向日葵和鬱金香的人孔蓋（照片125）。也有人認爲，那個向日葵應該是太陽，但因爲向日葵生長在一根很粗的花莖上，我認爲那個圖徽比較像向日葵。新潟至富山地區盛行種植鬱金香，許多城市和村鎮都選鬱金香作爲當地的象徵標誌。

我在新潟還發現一款很特別的人孔蓋，中央寫著「喜、怒、哀、樂」（照片126）四個字。如果把這幾個字當成臉孔上的嘴巴，人孔蓋上的扇形部分看起來就很像臉孔。而且每張臉

豆知識……一般的人孔蓋至少都超過五十公斤。因為人孔蓋的重量不夠的話，車輛及其他交通工具壓過時，很可能會從原本的位置滑脫。

125

126

孔的表情，就跟臉上的漢字表達的意義一樣。譬如看似悲傷的圓眼，流著眼淚的臉孔，怒目瞪人的臉孔，還有瞇眼微笑的臉孔。

據新潟市下水道局表示，市內的部分人孔蓋設計，是向市民公開徵求後選拔出來的，「喜怒哀樂」人孔蓋便是其中之一，主題就是以設計形象來表達街頭行人的喜怒哀樂。

北陸地方

◉ 富山縣

照片127是富山市的人孔蓋，蓋上的圖案是由市花薊花構成。薊花的根可以入藥，跟從前富山藥商行走全國販賣的「富山藥」有關，所以被選爲市花。除了薊花之外，山茶花也是富山市的市

薊花，碰到就會手疼的代表性花草。

127

花。山茶花人孔蓋我在別處也看到過很多次，卻沒再看到別款的薊花人孔蓋。可見照片裡的薊花圖案應該算是非常珍貴的。

◎石川縣

提起石川縣金澤市的人孔蓋，原本我還期待主題一定跟兼六園有關，卻不料金澤市的下水道根本沒有創意人孔蓋（照片128）。

128

後來，我終於找到了畫著兼六園風景的消防栓人孔蓋（照片129）。說起兼六園，大家都知道園內那座兩腳長短不一的石燈籠「徽軫燈籠」非常有名。而我發現的那個人孔蓋，就畫著彩色的「徽軫燈籠」。走訪兼六園之後，我又逛到

129

豆知識……人孔蓋的形狀通常都是圓形，理由是因為四方形的蓋子打開後，可能會掉進洞裡（p53）。但若四方形人孔蓋比較便於施工，或跟收在洞內的機器形狀比較合適的話，人孔蓋也有可能做成四方形。

東茶屋街、近江町市場等地。最近，新幹線直達金澤的路線已經開通，金澤市今後肯會加強觀光建設，相信大家很快就能在金澤街頭看到下水道的創意人孔蓋吧。

◉ 福井縣

福井市的人孔蓋畫著兩隻大鳥（照片130）。看到這幅圖畫的瞬間，我想起從前有一套我一直愛不釋手的漫畫，那就是手塚治虫的《火鳥》。我不免去向市政府接待人員打聽兩隻大鳥的由來，果然，眞的是根據那部漫畫的「鳳凰」而設計出來的圖案。福井因是德川家康分封給親信家族的「御親藩」，從江戶時代起就很繁榮興盛，後來雖然遭到戰火與福井震災的致命打擊，卻很快投入重建，立即興建了下水道工程。「鳳凰」即是復興重建的象徵。照片裡這個「金鳳凰」人孔蓋的位置，就在福井藩主越前松平家的別墅「養浩館」的旁邊。

130

東海地方

靜岡縣

靜岡市原是江戶時代德川家康在居城周圍建造的「城下町」，當時叫做駿河國府中，亦稱駿府。市內人孔蓋上的圖案是利用靜岡市的市花蜀葵設計而成，因爲德川家的家紋「葵紋」，跟蜀葵非常相似（照片131）。蜀葵的花莖很高，有些甚至高達三公尺，每年初夏是蜀葵綻放的時節，到處都能看到紅、粉、黃、白等各色花朵。不過德川家的家紋「三葉葵」，其實是以雙葉細辛爲藍本做成的圖徽，跟蜀葵是完全不同的植物。現在全國除了靜岡市之外，還有一個城市是以蜀葵作爲市花，那就是會津若松市。我在這座城市的舊人孔蓋上也看到過蜀葵的圖案。會津若松市就是從前的會津藩，也是以效忠德川家出名的「忠義」楷模。

131

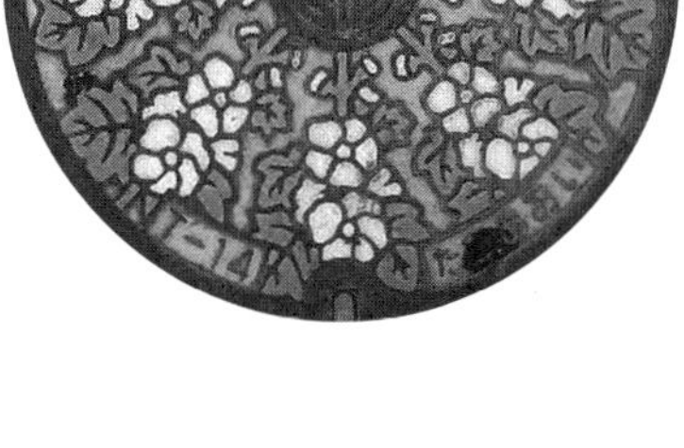

◉ 岐阜縣

岐阜市有兩大觀光亮點，一是長良川鸕鶿捕魚，一是岐阜城。而岐阜市的人孔蓋果然沒有讓我失望，因爲蓋上畫的是「鸕鶿追香魚」（照片132）。這款圖案甚至製作了兩種配色，一種是深灰色鸕鶿，土黃色背景；另一種則反過來，土黃色鸕鶿，深灰色背景。上述的彩色人孔蓋，我是在岐阜車站前面和柳瀨附近發現的。每年在長良川河畔舉行的「鸕鶿捕魚」表演，已有一千三百年的歷史，江戶時代，在德川幕府與尾張藩主的支持下，這項活動方能盛大推行。現在的鸕鶿師是世襲制，是宮內廳專司儀式與典禮的式部職。每年長良川上舉行鸕鶿捕魚的表演時，觀眾站在河濱大道就能欣賞，但是搭船到河上觀看表演現場，才更能感受到百分之百的臨場感。

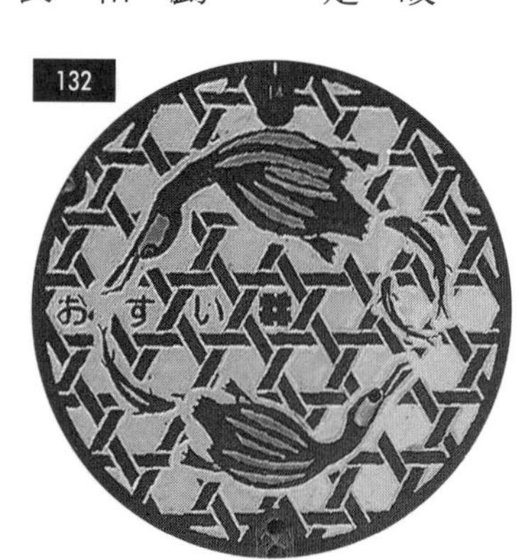

132

◉ 愛知縣

名古屋市的人孔蓋上畫著一隻「水黽」（照片133）。目前，全世界基本上都是採取一種叫做活性污泥法*的方式處理污水，而日本最早引進這種方式的，就是名古屋市。下水道裡的污

133

水經過處理後，變成乾淨的清水，無數水黽在水中游來游去。人孔蓋上的圖案就是根據這些水黽設計出來的。

提起名古屋，大家都說：「尾張名古屋是靠城樓繁榮起來的。」市內消防栓的人孔蓋上也畫著名古屋城樓（照片134）。屋頂的金鯱裝飾畫得很大。據說金鯱原本就有保護城樓，避災防火的功能，所以用金鯱作爲消防栓的圖案，實在再適合不過了。

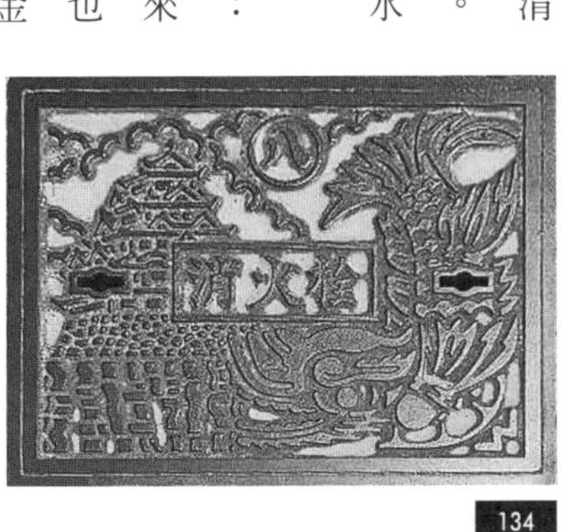

134

◎三重縣

三重縣的縣府所在地是津市。類似這種只用一個漢字命名，而且發音也只有一個音節的「市名」，津市在全國可說是絕無僅有。這個地方的古名叫做「安濃津」，跟薩摩的坊津，筑

＊**活性污泥法**：將空氣打進下水道的污水裡，讓水中產生高濃度微生物（活性污泥），再利用這些微生物分解水中的有機物。目前世界各大都市的污水處理機關都廣泛利用這種淨化法。

前的博多津，並稱「日本三津」。照片135的人孔蓋上畫著浮游海上的帆船和海鷗，環繞在蓋板邊緣的是市花杜鵑花。津市附近海灘以白沙青松著名，現已指定爲縣立自然公園。綿延不斷的海岸線長約十二公里，每年都有許多遊客湧向御殿場海濱或香良洲海濱，在那兒趕海挖貝殼、楯干（用魚網圍住海面，放進魚群，遊客在網內用手抓魚或用撈網捕魚的遊戲），或享受海水浴。

135

近畿地方

◉ 滋賀縣

大津市位於滋賀縣南部，是縣府的所在地，一八九八年十月一日由大津町改制爲大津市。

照片136的人孔蓋，是我在大津車站前看到的，也是大津市爲紀念實施市制一百週年而製作的創意人孔蓋，蓋上畫著繽紛燦爛的琵琶湖景色，盛開在右下的花朵是叡山菫，也是大津市的市花。而畫中的那座巨大的摩天輪，現已送給越南，所以在大津市已經看不到了。至於照片137的人孔蓋，第一次看到的時候，我還以為蓋上的圖案是要表現琵琶湖的波浪，後來卻在全國各地都看到這種花紋，我才知道這是常見的固定圖案。

138

京都府

照片138是京都市的人孔蓋，蓋上的花紋看起來很像某種幾何圖形，其實是「御所車」的車輪。所謂「御所車」，就是牛車的俗稱，也是日本傳統紋章與圖徽，御所車的車輪圖象被

御所車在平安時代是身分高貴的貴族乘坐的車輦。

設計成花紋後，經常用在裝飾畫或小袖和服的布疋上。

京都市的人孔蓋不但全面畫滿這種車輪圖案，還把圖案做成了凹凸不平的紋路，對於提高防滑效果極爲有效。人孔蓋中央的京都市徽，是利用「京」字設計而成的圖案。

◎ 大阪府

大阪市的人孔蓋圖案主題是「大阪城和櫻花」（照片139）。櫻花是大阪市的市樹，市花則是三色堇。可惜我去拍照的時候並沒趕上櫻花季，但是朝陽照耀下的大阪城。顯得極爲莊嚴神聖，我不禁感到非常激動。人孔蓋左下方標示的是「區名」。從照片裡可以看出，照片拍攝地點是在西淀川區。

139

照片140是「大阪實施市制一百週年紀念」人孔蓋。一八八九年，原屬大阪府制下的四區合併成爲大阪市。當時全市的人口大約有四十六萬人（現在約二百七十萬人）。人

140

孔蓋中央的花朵是三色堇，周圍環繞的圖紋是市樹櫻花。蓋板上還寫著「平成元年」，表示這塊人孔蓋是在二十七年前製作的。二〇〇六年，我在大阪舉辦的下水道展的會場裡，發現了這個人孔蓋。

◉ 兵庫縣

照片141是神戶市的人孔蓋，神戶也是兵庫縣的縣府所在地，

141

由於市內的三宮、元町等地，自古全是生田神社的村落居民聚居之地，所以今天才有「神戶」這個地名。

照片裡的人孔蓋上畫著六甲山和神戶市區的高樓群，也就是我們從海灣望向市街時看到的景象。畫面裡的六甲山上畫著「錨」形圖案，這是神戶市的市徽，也是神戶港的標誌。神戶市於二〇一二年獲選爲「世界最適居住的城市」

巍然聳立在高樓環繞之中的大坂城。

142

143

之一，是日本唯一進入前十名的城市，在亞洲各城市當中名列第二，排名僅次於新加坡。

照片142是神戶市的農村排水人孔蓋。是我從明石前往三木市的途中發現的，蓋上畫的是六甲山的稻穗。

神戶港的美利堅公園。神戶國際觀光協會提供

◉ 奈良縣

照片143是奈良市的人孔蓋，我在奈良國立博物館前面拍到的照片。蓋上的圖案是奈良公園的鹿和奈良八重櫻。畫中的野生鹿已被政府指定爲國家天然紀念物。

《百人一首》裡有一首著名的和歌：「奈良城裡八重櫻，爛漫飄香宮廷中。」詩句裡的奈良八重櫻既是奈良縣的縣花，也是奈良市的市花兼市徽。

◉和歌山縣

和歌山市在江戶時代也叫「若山」，原是圍繞紀伊德川家（紀州藩）的居城而建的城下城。紀州藩是跟德川家康關係親近的御三家之一，受領封地五十五・五萬石。和歌山市人孔蓋上的圖案是「紀州御殿手毬」（照片144）。也就是西条八十作詞，中山晉平作曲的童謠〈毬與殿樣〉裡提到的童玩。但可惜的時，這張照片是我同事拍的，我一直沒法子親自騎車到和歌山縣去採訪。因爲下水道的普及率越來越高，我的工作也越來越忙，只好把採訪的事延後了。我想今後還是會繼續努力探索自己喜愛的課題。

144

豆知識……所有人孔蓋當中，下水道人孔蓋的數目佔了絕大多數，除了下水道之外，譬如排氣閥盒、排泥閥盒、消防栓、瓦斯、電氣、通信電纜、共同管線槽等，都需要配備人孔蓋。而為了便於清掃下水道，人孔蓋配置的基準大約是每隔五十公尺裝設一個。

中國地方

◎鳥取縣

照片145是鳥取市的人孔蓋，圖案的主題是「鳥取鏘鏘祭」使用的大傘。這場祭典原是一種求雨的舞蹈，舞步是根據東部地方自古流傳的「因幡傘舞」改編而成，任何人都能立即跟著起舞。舞者身穿華麗的服飾，手持色彩鮮豔的大傘，隨著舞步前進時，手裡的大傘也不斷發出「鏘鏘」的鈴聲。我在市內消防栓之類自來水事業的人孔蓋上，也看到了彩傘圖案，是從下方仰望的角度取景的構圖。「鳥取鏘鏘祭」在第五十屆紀念大會（平成二十六年）打破了「規模最大的傘舞」的世界紀錄，現在已是全國極爲有名的祭典。

145

手工製作的「鏘鏘傘」。

島根縣

松江市位於宍道湖畔，是島根縣的縣府所在地，市內的風景擁有「東洋威尼斯」的美譽。大橋川兩岸是一條商店街，至今仍然充滿舊日城下町的氣氛。照片146是松江市的人孔蓋，上面畫著松江城內僅存的武家屋敷長屋門和門前的石板路，前者也就是古代高官府第的大門。圖案化設計的畫面裡，江戶時代的景致毫不保留地展現在人孔蓋上。松江城的天守閣從江戶時代一直保存至今，從來都沒進行過整建，也是深受松江市民熱愛的地標。

岡山縣

岡山市的人孔蓋上畫的是「桃太郎」（照片147）。畫面裡，猴子、忠狗和雉雞緊緊環繞在主人身旁。更有趣的是，岡山車站前還有一座桃太郎像，構圖也跟這幅圖畫一模一樣。市內除了下水道人孔蓋之外，幾乎滿街都能看到桃太

146

147

郎，譬如消防栓人孔蓋上畫的就是消防員「桃太郎」，就連自來水止水閥的人孔蓋，也是以桃太郎爲主題的圖案。

我騎車在岡山市郊外閒逛時，看到一個農村下水道的人孔蓋，上面的圖案是桃子和葡萄（照片148）。提起岡山的桃子，最有名的就是白桃，而葡萄則以

148

松江藩的中級藩士輪流入住的武家屋敷。

麝香葡萄馳名全國。岡山白桃是在一九〇一年培養成功的品種，果肉白得出奇，是其他產地從沒看過的顏色，肉質細膩，吃起來口感極佳，因此成爲岡山的特產。麝香葡萄也是岡山果農改良培養的品種，名叫亞歷山大麝香，岡山的產量爲全國第一，相當於全國產量的九成。

◉ 廣島縣

進入廣島市之後，首先映入眼簾的是畫著紙鶴（千羽鶴）圖案的人孔蓋（照片149）。但我看到的第一個不是彩色的，所以一時並沒看出那圖案究竟是什麼。待我走進市街後，看到了彩

色版，這才明白那圖案原來是紙鶴。接著，我去參觀了原爆圓頂館、和平紀念公園等地，一面騎車到處閒逛，一面深切體會和平的滋味，和人孔蓋之旅的幸福。

149

150

很久以前，有位朋友告訴我：「有一款人孔蓋，上面畫著廣島球隊的鯉魚寶寶唷！」朋友說完還送我一張照片。當時我以為那是球隊的人孔蓋（照片150），卻又看到右上方寫著：「HIROSHIMA C. sewer」（廣島市下水道），我才明白，原來是廣島市政府製作的。因為廣島東洋鯉魚球隊確實也是屬於廣島全體市民的球隊啊。

廣島市還有一款畫著「鯉魚和楓樹」的人孔蓋（照片151）。楓樹是廣島縣的縣花兼縣樹。而廣島之所以跟「鯉魚（英文的CARP）」有關，主要是因為廣島城從前就叫做「鯉城」，而

豆知識……人孔蓋的耐用年數隨其表面被車輪磨損的狀態而定，像一般車道的人孔蓋，耐用年數為十五年，其他地點的人孔蓋則為三十年。但是像坡道、彎路、十字路口等地的人孔蓋，也可能因使用地點不同而磨損得特別厲害。

且廣島城所在的地區，古時就叫做「己斐浦」，日文裡的「己斐（KOI）」跟「鯉魚（KOI）」發音相同。另一方面，廣島巴士中心大樓的外牆設計，就是利用「鯉魚鱗片」的圖形作爲裝飾。

從前，廣島市有個市民團體叫做「鯉魚隊與市民球場是大家的寶貝」，這個組織也是廣島鯉魚球隊的粉絲團，我從他們那兒收到過一份宣傳手冊，題目叫做「令人愛戀的城市，廣島」，而「愛戀」的日文發音剛好也跟「鯉魚」相同。手冊裡有一張地圖標出許多跟鯉魚隊或鯉魚有關的地點，令我深切體會廣島市民對於鄉土的熱愛。

◉ 山口縣

山口市在室町時代曾是大內氏雄霸西日本的根據地。市內的人孔蓋圖案是「山口七夕燈籠祭」（照片152），據說是起源

151　152

於大內家統治時期的一項祭典。第十一代領主大內盛見在中元節晚間祭祀祖先時，爲了讓祖先看清自己的家門，便用華箬竹製成的竹架，將點亮的燈籠高高掛起。從那以後，這項活動就變成了當地的習俗。每年八月六、七日進行祭典時，數萬個紅燈籠掛在華箬竹架上，將市中心照耀得光輝燦爛。遊行隊伍中還有神輿，與類似祭祀旌旗的山笠，隨著燈籠竹架緩緩走過市區大街。燈籠裡面都點著蠟燭，只能點亮兩小時左右。但這短暫的「輝煌」卻在人們心中留下深刻印象。照片裡的彩色人孔蓋，是我在湯田溫泉附近拍到的。

四國地方

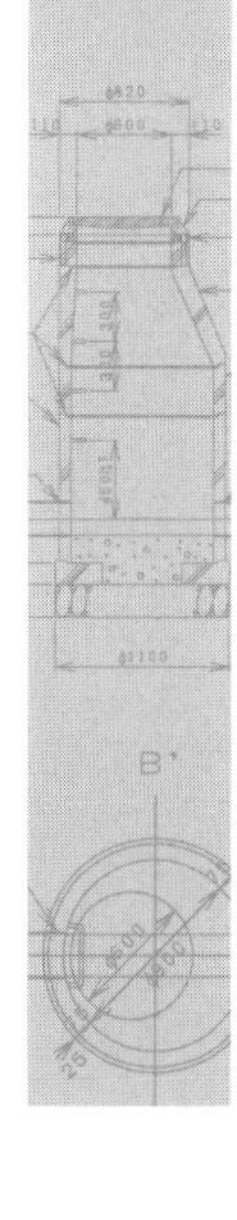

◉ 德島縣

渡過瀨戶內海之後，我來到了四國。德島市位於吉野川下游南岸的三角洲，從前蜂須賀氏在此建立居城，並將周圍開發爲城下町。但我在市內並沒找到創意人孔蓋，只看到一個人孔蓋上印著波浪花紋和市徽，而那波浪花紋跟大津市的人孔蓋一模一樣（照片153）。但我後來到了德島市北邊的藍住町，卻發現一個德島縣下水道專用的可愛人孔蓋（照片154）。蓋上的圖案裡可以看到香魚、岩魚，還有蝦子，可能是淡水長臂大蝦吧。旁邊那隻舉著大鉗子的螃蟹，應該

153

是招潮蟹。畫面充分表現了海洋與河流的生物在水中活躍的情形。蓋上還寫著「但願海河永保潔淨」的字句，我也在此誠摯地祝願吉野川的河水永遠清淨。

154

◎香川縣

高松市是香川縣的縣府所在地，市內人孔蓋圖案的主題是源氏與平家之間的「屋島之戰」。畫面裡，源義經的武將那須与一舉箭射中了少女在船上舉起的「扇之的」（照片155）。畫面的背景裡可以看到屋島，如果從射箭地點的角度望去，屋島應在高松的正前方，而壇之浦之戰的戰場則應該位於高松的後方，由此可見，人孔蓋圖案的取景角度非常正確。順便再向各位說明一下，栃木縣大田原市的人孔蓋上也有那須与

155

一的畫像。而高松市的這個人孔蓋，圖畫裡看不到那須与一的臉孔，但大田原市的人孔蓋卻是從其正面取景。可見兩市對於「主角」的態度完全不同。這一點，也令我深感好奇。

◉愛媛縣

松山市位於愛媛縣中部，緊臨瀨戶內海伊予灘，是愛媛縣的縣府所在地。松山市原是以松山城爲中心而逐漸繁榮起來的城下町，目前是四國最大的城市，人口約五十二萬。市內的人孔蓋上畫著市花山茶花，以及「大家齊心來建設，安居樂業松山市」等文字（照片156）。這張照片是我妻子很久以前拍的，除了照片裡這款人孔蓋之外，另外還有一款沒寫標語的版本。設置地點就在松山車站通往市府附近的路上。

156

◉高知縣

高知市位於高知縣的中央地帶，也是縣府所在地。第一代土佐藩的藩主山內一豐在此建設居城以來，城樓周圍的城下町逐漸發展成爲今日的高知市。市內的人孔蓋跟德島市一樣，都畫著同樣的波浪圖紋和市徽（照片157）。從設計構圖上看來，似乎是要表現波浪逐漸擴散的感覺。

高知市的市樹是苦楝，市花為蠟瓣花，市鳥則是日本鶺鴒。聽說市內有些下水道的人孔蓋上畫著「長尾雞」，我計畫下次再去高知市探訪一番。

九州地方

◉福岡縣

接下來，終於輪到九州地方了。福岡市位於福岡縣西北部，是福岡縣府所在地。我在市內找到的人孔蓋上，畫著幾何圖形的花紋（照片158）。據說，這是福岡市於一九九〇年三月底，為慶祝市內人口超過一百萬，以及下水道普及率達成目標，公開徵求創意設計而選中的作品。在全國七百三十五幅應徵作品當中，據說這幅以鳥、帆船、街頭景象等抽象外型組合

157

158

的畫面，最能令人聯想到「人類的城市・福岡市的積極形象」，因此獲得入選。

我還看到另一款污水儲槽的人孔蓋。一般家庭與城鎮鄉村的下水道管線連接處，都要設置一個「污水儲槽*1」，槽蓋非常小，直徑大約三十公分。但這個槽蓋等於是屋主和城鎮之間的「責任分岐點*2」。我看到的那個污水儲槽蓋上畫著花朵的圖案（照片159）。福岡市的市花有兩種：山茶花與芙蓉，照片的槽蓋上畫的是芙蓉。

159

佐賀縣

佐賀市位於佐賀平原的中央地帶，也是佐賀縣的縣府所在地。我到達佐賀市之後，立刻看到一個畫了兩條魚的人孔蓋（照片160）。對！畫裡正是有明海最有名的花跳魚。眾所周知，

*1 **污水儲槽**：污水流進下水道（污水管）之前，暫時儲存在這個水槽裡。

*2 **責任分岐點**：埋在道路下面的污水管或自來水管，通常是屬於各事業單位的資產，進行維修或施工時，分別由各事業單位自行負責。另一方面，各家庭所有的土地內鋪設的污水管或自來水管，則屬於屋主的資產，進行鋪設工程等所需的費用，則由個人負擔。

花跳魚廣泛分部在包括有明海、八代海等在內的亞洲東部地區，平時在退潮的濕地上活動，畫中的花跳魚的臉孔十分可愛，特大的背鰭，還有胸鰭，看起來很像兩腳正在划動，充分表現了花跳魚的特徵。這種魚的肉質柔軟，脂肪特多，通常是趁新鮮時塗上醬料，放在火上烤成「蒲燒」。花跳魚蒲燒也是佐賀縣有名的鄉土料理之一。

◉長崎縣

我一直沒機會去九州「採訪」，因爲交通費比較昂貴。長崎縣的縣府所在地長崎市，很早以前就是日本通往海外的大門，同時也因此而發展成爲都市。江戶時代，日本僅對外開放了長崎海灣裡的小島「出島」，這個小島不僅是當時國內唯一的貿易港，也是接觸異國文化的窗口。市內人孔蓋上畫的是市花繡球花（照片161）。當時在長崎行醫的德國醫生西博爾克，將繡球花的學名訂爲「Hydrangea otakusa」，並將

160

161

這種原產日本的植物介紹給全世界。據說繡球花的學名裡還藏著一名長崎女子的名字，因爲西博爾克心愛的妻子名叫「阿滝（OTAKI）」。而「阿滝樣（OTAKI-SAN）」的發音，跟繡球花學名裡的「otakusa」的發音非常接近。

◉熊本縣

熊本市的古地名叫做「隈本」，直到一六〇七年（慶長十二年），熊本藩第一代藩主加藤清正將新城遷到這裡，之後，才改名叫做熊本城。熊本市的人孔蓋上畫著一種顏色鮮紅的花朵，名字叫做「肥後茶花」（照片162）。除了肥後茶花，日本還有其他五種花類被冠上「肥後」的名稱：菊、山茶花、花菖蒲、牽牛花、芍藥。以上六種花類並稱「肥後六花」，原是武士爲了打發閒暇而研發出來的園藝成果。今天的熊本城內有一座「肥後名花園」，大家可以在那裡欣賞到上述六種肥後名花。

162

◉ 大分縣

大分市從前是豐後國的國府，當時叫做「府內」。照片163的人孔蓋中央有兩隻猴子，正在彼此幫忙理毛，一副相親相愛的模樣。大分縣內有一座「高崎山自然動物園」，專門負責照顧生活在高崎山中的野生日本獼猴。這塊地區已於一九五三年命名爲「高崎山獼猴生息地」，並被指定爲國家天然紀念物。人孔蓋上環繞兩隻猴子的花朵則是山茶花，也是大分市的市花。

◉ 宮崎縣

宮崎市是宮崎縣的縣府所在地。我來到這個位於南方的觀光城市之前，心中就曾暗自期待，希望能在這兒欣賞到加拿列海棗（日文叫做鳳凰木）。果然，車站前面的路樹全是加拿列海棗，街頭也充滿了南方氣氛。然而，地面的人孔蓋上畫的卻是花菖蒲，也就是宮崎市的市花（照片164）。市內

163

164

有一座阿波岐原森林公園「市民之森」，園裡種植了一百六十種花菖蒲，總數大約二十萬株。每年到了五月下旬至六月上旬的開花期，白色與紫色的花兒爭相競豔，園裡也擠滿了前來賞花的市民。

◉ 鹿兒島縣

鹿兒島市向來有「東洋那不勒斯」之稱，因爲從市區望向櫻島的景觀，跟那不勒斯市望向海灣時看到的景色十分酷似。前往鹿兒島市之前，我暗自期待著：「最好能找到櫻島風景的人孔蓋。」可惜最後卻沒看到任何跟櫻島有關的創意人孔蓋（照片165）。這張照片裡的人孔蓋中央印著市徽「圓圈裡面畫十字」，是用薩摩藩主「島津家」的家紋設計的。順便再說明一下，鹿兒島市的市樹是楠木，市花則是夾竹桃。

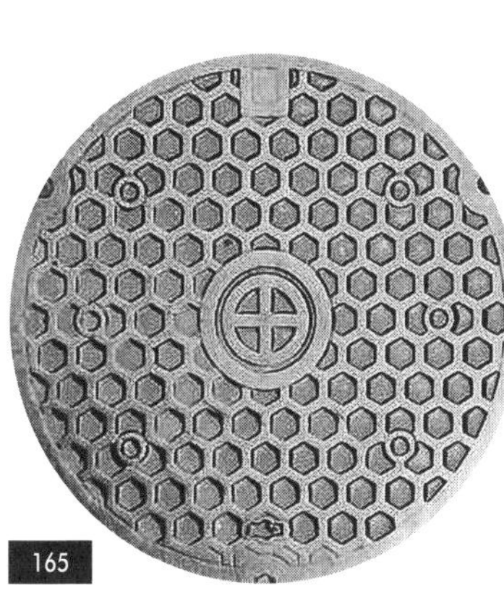
165

◉ 沖繩縣

說起來很慚愧，我一直沒法到沖繩縣去採訪，現在手邊只有一些從前全家旅行時拍的，還

166

有朋友送給我的照片。這張那霸市人孔蓋的照片，則是我妻子拍的（照片166）。類似的創意人孔蓋，現在全國各地幾乎都能看到。而事實上，那霸市才是「全日本最早」使用這種人孔蓋的城市。那霸市的市魚是鮪魚，這幅張著大嘴的魚群構成的畫面，對四面環海的沖繩來說，可算是最適合的圖案吧。

豆知識……絶大部分下水道人孔的直徑，大約都是六十公分，這種寬度剛好能夠容納一個人單獨進出。而為了便於進行施工，人孔裡面都裝置了可供踩踏的階梯。

人孔蓋雜學

為什麼人孔蓋是圓的？

一般來說，人孔蓋都是圓的。理由是為了防止施工或車輛從蓋上滾過時，一不小心，蓋子就會掉進洞裡去（請參看圖①）。

正三角形人孔蓋在國外時有所見。日本也有四角形（長方形）的人孔蓋。譬如像消防栓或共同管線槽的槽蓋，大多是四角形。消防栓的人孔深度較淺，孔蓋下方就是相關管線，所以並不容易掉落。但下水道人孔的深度有時超過十公尺，孔蓋掉下去必然造成嚴重損失。

人孔蓋上除了標出「污水」與「雨水」的分別，圖案裡也同時標出：製造年份、人孔蓋的耐重分類，以及管理上的必要訊息。

圖①人孔蓋的形狀

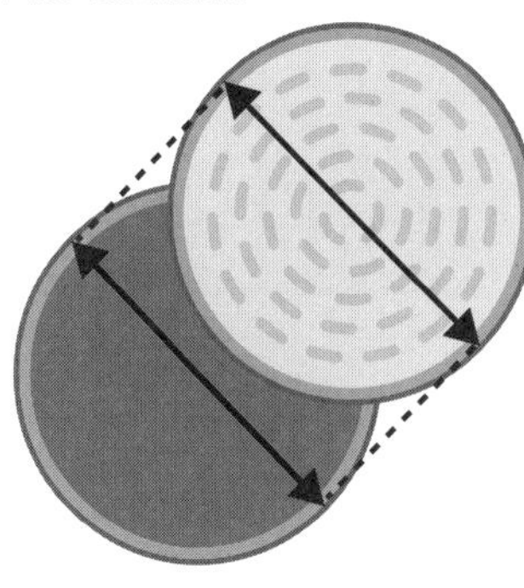

不論蓋子怎麼轉，
都不會掉下去。

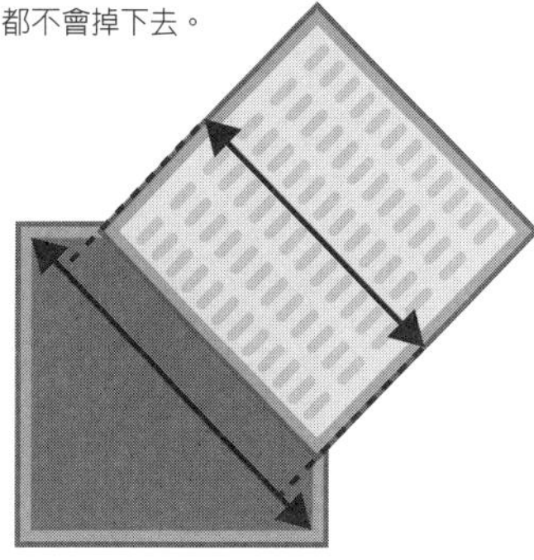

隨著方向變化，
蓋子就會掉進洞口。

圖②「污水」與「雨水」

2 富士山與群山象嶺

圖片提供PIXTA。

四面八方望去，富士就是富士!?

富士山已於二〇一三年六月正式登記爲「世界文化遺產」。儘管富士山的環境保護問題有待解決，這項消息卻令人雀躍欣喜。

爲了慶祝這項喜訊，現在讓我展示一下自己收集的「富士山」人孔蓋吧。富士山橫跨山梨與靜岡兩縣，不知各位讀者覺得從哪個縣看起來更美？有人說：「不論從哪邊望去，富士山都很美啊。」這種看法令我深有同感。

從三保松原看到的富士山。

◉ 靜岡縣看到的富士山

首先介紹清水市（跟靜岡

201

市合併後改稱靜岡市清水區）人孔蓋上的「三保松原與富士山」（照片201）。畫面裡的翠松白雪互相呼應，實在是非常美麗的景色。三保松原跟富士山的距離較遠，據說原本已被排除在「世界文化遺產」申請單位的名單之外，直到最終階段才被加進名單。照片裡的人孔蓋上有兩個小字：「河川」。旁邊還有另一個下水道專用的人孔蓋（蓋上畫著霧島杜鵑），所以這個寫著「河川」的蓋板，應是雨水下水道的人孔蓋。我坐船去三保松原觀光後重新回到清水，一跳下巴士，我就看到這個彩色人孔蓋。「好幸運啊！」我高興得立刻舉起相機拍照，同車其他乘客卻滿臉訝異的表情看著我。

靜岡市的消防栓人孔蓋上畫的是富士山和安倍川（照片202）。圖中那座屋頂覆蓋茅草的房屋，是重新修復後的「登呂遺跡」豎穴式住宅。靜岡縣是日本屈指可數的茶葉產地，圖案裡的綠色部分（富士山的山麓，請參照本書卷頭彩色圖片），大概表示茶園。另一個消防栓人孔蓋則畫著盔甲（照片203）。這是在二〇〇七年，為紀念德川家康遷入駿府城

四百週年，特別製作的人孔蓋。當年家康把將軍的位子讓給兒子秀忠之後，自己移居駿府。我看著這幅圖畫，心裡不禁升起一種感覺，似乎只要有家康在此，不論多大的火災都能立即消滅。

富士市的人孔蓋圖案也是富士山，而且跟靜岡市一樣，也是從富士山南邊看到的景色。照片204是駿河灣前的富士山，以及一些白色的波浪圖紋。細心觀察的話，整幅圖畫很像一個小型人孔蓋被嵌在大型人孔蓋裡面。這種類型的人孔蓋叫做「親子蓋」。一般的人孔蓋直徑只有六十公分左右，但是要在孔內操作器械的話，人孔的直徑就必須超過九十公分。平時工作人員進出人孔查驗內部狀況時，都是使用蓋上那個比較小的人孔蓋。

204

沼津市的人孔蓋上畫的是富士山和愛鷹山的風景，還有市花文殊蘭，市樹松樹。圖畫裡的富士山是從伊豆半島大瀨崎隔著駿河灣看到的景致（照片205）。我則

205

是在土肥出發的渡船上欣賞到駿河灣對面的富士山。因爲西伊豆海岸線那條道路顚簸起伏，我實在沒有信心騎車去走那條路線。

伊豆半島韮山町（現已合併爲伊豆國市）的人孔蓋上畫著巨大的富士山，還有反射爐和當地特產草莓（照片206）。反射爐是在江戶末期，由管轄伊豆地方的代官江川太郎左衛門（江川英龍）建造的。操作步驟是先將金屬放進反射爐加熱熔化，然後加工製成大砲。當時全國興建了好幾座反射爐，但現在只有韮山這座保存了下來。二〇一五年七月，包括韮山反射爐在內的「明治日本的產業革命遺產」已通過申請，正式登記爲世界文化遺產。江川太郎左衛門不僅擅長測量海岸線、製造大砲，還是日本第一個烤製麵包成功的名人。

御殿場市位於富士山東側，市內的農業用水下水道人孔蓋圖案的背景是富士山，另外還有稻草人和烏鴉（照片207）。調皮的烏鴉站在稻草人的斗笠上，奮力守護結滿稻穗的稻草人臉

206

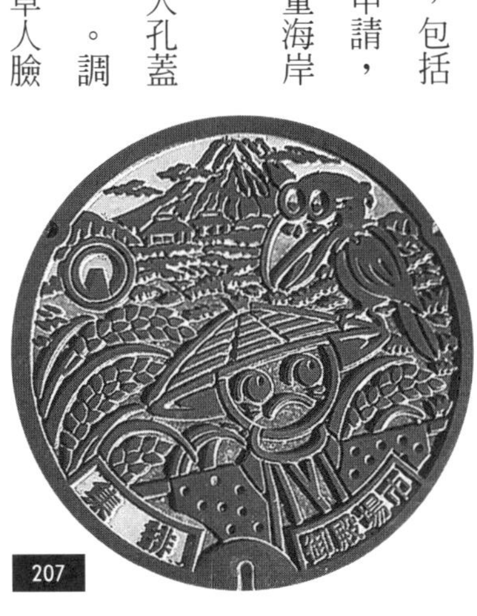

207

208

209

上露出的爲難表情，眞是一幅可愛的畫面。

另一個公共下水道人孔蓋，也是在御殿場市發現的。蓋板圖畫的背景是富士山與市花的富士櫻，主題則是正在奮力爬坡的蒸汽火車頭（SL）「D52」（照片208）。提起SL，大家都知道「D51」，而「D52」則是專爲御殿場線研發的新車種，因爲這段路線上山的坡度特別陡峭。一九三四年丹那隧道開通之前，東海道本線也曾利用這段御殿場線。

裾野市的人孔蓋也畫了富士山（照片209）。靠近畫面前方的是黃瀨川五龍瀑布，兩旁則是市花愛鷹躑躅。五龍瀑布是戰前著名詩人若山牧水曾經探訪過的名勝。而愛鷹躑躅是一種原生在愛鷹山和天子之岳的珍貴杜鵑花。裾野市的「裾」是指拖曳在身後的裙邊，裾野市就像它的名字所代表的意義，位於富士山麓的

裾野站前富士山形狀的招牌。

斜坡上，東面是箱根山的外輪山，西面是愛鷹山脈，周圍環繞著多樣的自然環境。裾野市也是沼津市與三島市的郊外住宅區，同時還是發展先端技術的科研都市。

駿東郡清水町位於狩野川下游的沼津市與三島市之間，町內有一條柿田川，是富士山地下河湧出的水流所形成的河流（每天三百萬噸）。町內的人孔蓋（照片210）畫著河流源頭的富士山、柿田川和柿田橋（以前叫做眼鏡橋）。柿田川是日本三大清流之一，柿田川湧水群已獲選爲名水百選之一，並被指定爲國家天然紀念物。

從靜岡市繼續向西行，下一個城市是燒津市，這裡的人孔蓋（照片211）畫著富士山，還有正在海面飛躍的鰹魚。這張照片是在五月連休的時候拍的，那時剛好也是初鰹上市的季節。我很喜歡這張照片，因爲這是一個「看起來很美味的人孔蓋」。除了這款設計之外，燒津市還有其他畫著鰹魚或鮪魚的人孔蓋，但我覺得這幅圖裡的鰹魚看起來最好吃。

210

211

213

212

靜岡縣中部藤枝市的人孔蓋（照片212）中央是富士山，周圍環繞著市樹松樹、市鳥日本樹鶯，還有市花藤花。畫面裡的富士山比其他人孔蓋的富士山更顯陡峭，在氣氛和諧的花、木、鳥包圍中，富士山變成了畫面的主體。

從藤枝市繼續向西，下個城市是島田市，這裡的人孔蓋圖案也是以富士山爲背景，主題是「大井川蓮台渡河*」（照片213）。畫中兩個女人坐在一塊木板配兩根木棒做成的蓮台上，由工人扛過河去。兩人露出擔憂的表情，完全無心欣賞富士山的景致。島田市內還有一款人孔蓋上畫的是單獨一位女性「蓮台渡河」，不過沒有畫富士山。

歌川豐國的錦繪「大井川蓮台渡河」（國立國會圖書館收藏）。

215
214

從山梨縣看到的富士山

首先要向各位介紹的，當然是富士吉田市的人孔蓋（照片214）。這是個自來水的止水閥蓋，尺寸相當大，直徑約六十公分，蓋板上畫的是彩色富士山，山巔上覆著白雪，還有市花富士櫻、市樹白樺、市鳥白花啄木鳥。我在市內還看到另一款下水道人孔蓋，也畫著富士山和櫻花，但卻沒找到彩色版，只有這幅圖案是富士山（照片215）。對一名退休下水道工作人員（就是在下）來說，這種調查結果真的令人有點掃興。

山中湖村的人孔蓋畫了一座巨大的富士山，還有正在中山湖面遨遊的天鵝（照片216）。這款設計給人的感覺，好像真實景象直接變成蓋板上的圖案似的。我在湖畔走了大半圈，平時被叫做雨男的我，出門總會碰到下雨，那天的天氣卻出奇地好。藍天的

＊**大井川蓮台渡河**：江戶時代，德川幕府將大井川設為防衛江戶的屏障，故意不在河上架橋。行人要渡河到對岸時，或是請人背自己走過去，或是搭乘兩根木棒扛一塊木板的「蓮台」過河。

216

217

襯托下，富士山的身影顯得特別清晰。我一面瀏覽風景，一面繼續騎車前進。

離開中山湖之後，下一站是忍野村。這個村落的人孔蓋圖案也很不錯（照片217）。畫面裡的忍野八海水車小屋，還有富士山，都是極受遊客歡迎的絕佳攝影景點。我還品嚐了忍野八海的地污水製作的豆腐，一面吃一面悠閒地欣賞著富士山的景色。

後來，我又到了富士河口湖町，這裡的下水道人孔蓋畫的是町花的月見草，但我後來又在郵局門口發現另一款人孔蓋，畫的是波斯菊和反映在河口湖水面的「富士倒影」（照片218）。旁邊寫著「Kampo」等字，或許原本屬於郵局所有吧。另外，還用平假名寫著

218

219

「河口小町」等字。這張照片是在合併前的南都留郡河口湖町拍到的，不知現在是否還能看到這麼漂亮的人孔蓋。

下一站是富士山主題的人孔蓋。或許因爲附近的山岳擋住了視線，這裡完全看不見富士山的緣故吧。大月市距離西桂町稍有距離，市內的人孔蓋畫著雲海籠罩的富士山，還有猿橋、桂川的香魚（照片219）。除此之外，空白部分還畫了市花山百合，市樹八重櫻，整個人孔蓋被圖案塡得滿滿的。猿橋是一座沒有橋墩的木橋，只在兩岸的山崖上插入許多「刎木」作爲支撐。猿橋跟「岩國的錦帶橋」、「木曾的棧」並稱日本三大奇橋。在周圍的斷崖對照下，猿橋看起來非常美麗，現已被政府指定爲國家「名勝」。

豆知識……有些下水道人孔需在孔內裝置大型器械，所以人孔蓋的直徑也有可能超過九十公分。

瞭望富士山最遠於何處？

富士山並非只有靜岡和山梨兩縣才能欣賞，其他鄰近的縣市也都能望見富士山，只是在其他地方的人孔蓋上，富士山都被畫得很小。

首先，就從神奈川縣開始介紹吧。御殿場線的沿線有個地方叫山北町，當地的人孔蓋上畫著丹澤湖和永歲橋，還有遠處的富士山（照片220）。站在圖畫取景的地點望去，似乎只能看到富士山的山頂。

220

221

東京都有些地方也可以看到富士山，譬如小平市的人孔蓋上就有富士山（照片221），這幅圖畫的主題是武藏野住宅區的風景，不過遠處還畫了一座火見櫓，在那瞭望防火爲目的的高塔後方，隱約可見一座渺小的富士山。這幅圖畫若不是彩色，

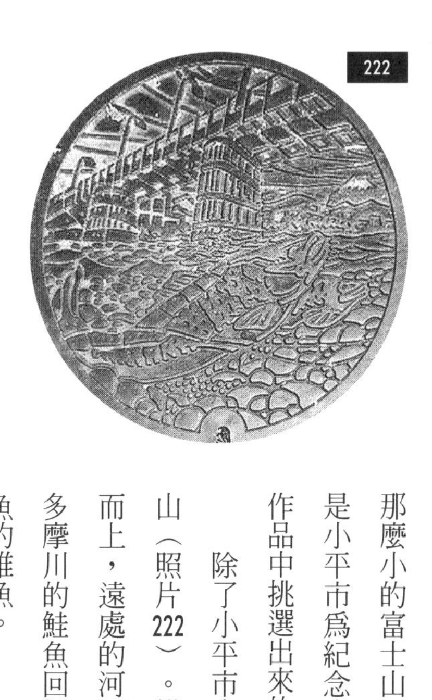
222

223

那麼小的富士山，大概很容易被人遺漏吧。這款創意人孔蓋是小平市爲紀念市內完成下水道整備工程，特地從市民投稿作品中挑選出來的。

除了小平市之外，東京都多摩市的人孔蓋上也畫著富士山（照片222）。橫跨多摩川的大橋下方，許多鮭魚正在逆流而上，遠處的河面上，富士山隱約可見。近年來，爲了提高多摩川的鮭魚回歸量，熱心人士每年都在多摩川流放大量鮭魚的稚魚。

接著讓我們再來欣賞埼玉縣三芳町的人孔蓋，圖畫的主題是水精靈「未來君」，和連結東京與新潟的高速公路「關越道」，背景則是山頂積雪的「富士山」（照片223）。「未來君」是三芳町在一九八九年，爲了紀念創町一百週年設計的吉祥物，其中蘊含了當地民眾的期待，希望「未來君」能爲三芳開啓未來。

說起瞭望富士山，最遠的建物地點，究竟是在哪裡呢？

224

225

經我細心調查後發現，東京灣對岸的千葉縣富津市的人孔蓋，居然也畫著富士山（照片224）。圖畫裡，計畫興建的東京灣口道路橫跨海面，背景就是富士山。這條尚在規劃中的路線將在東京灣入口的浦賀水道上興建一座吊橋，然後連結海底隧道橫貫東京灣，全線從橫須賀市連至富津市，總長度約十七公里。不過，這項計畫目前已經暫停，所以實質上等於是停工了。

其實不僅千葉縣能看到富士山，還有更遠的地點也能看到。茨城縣牛堀町（現已合併爲潮來市）還把葛飾北齋《富嶽三十六景*》系列裡的「常州牛堀」（照片225）畫在人孔蓋上。雖然圖畫的主題是被譽爲絕景的「牛堀歸帆」，但遠處的富士山仍然清晰可見。據說北齋當時作畫的場所是在權現山，天氣晴朗的日子，那個地點可以同時看到筑波山與富士山。

*富嶽三十六景：葛飾北齋的浮世繪風景畫代表作，以日本各地看到的富士山景觀為主題。茨城縣霞浦山在當時是欣賞富士山的風景名勝。

遍布日本全國的「富士山」

◉ 利尻富士、蝦夷富士、渡島富士

日本全國各地都有當地的「富士山」。也就是說，全國很多山峰都擁有「〇〇富士」的稱號。

首先從北海道開始介紹吧。譬如稚內市的人孔蓋就畫著號稱「利尻富士」的利尻山（照片226）。畫面前方那個輕巧漂浮於海上的物體，就是利尻島，背景則是夕陽西沉的利尻富士，靠近前方小島的建築，則是已被選爲北海道遺產*的

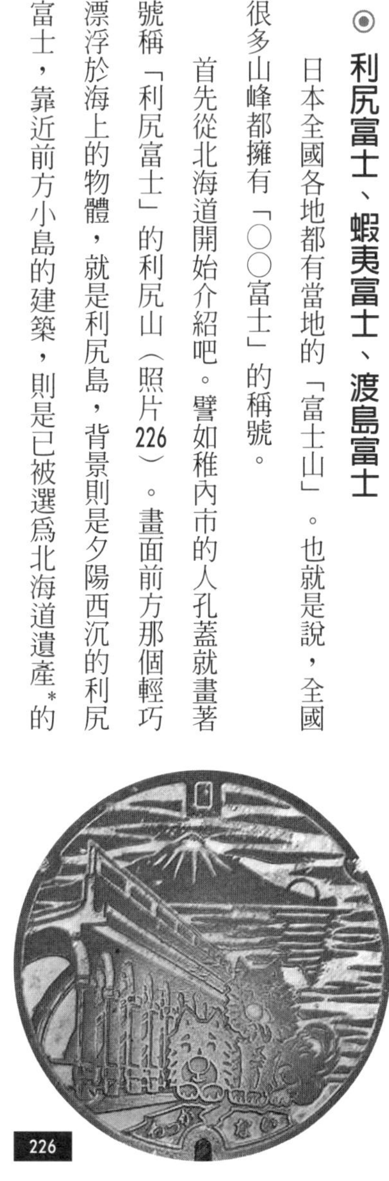

226

***北海道遺產**：北海道於二〇〇一年舉辦第一次遺產選拔，共選出二十五件「期待留給子孫的北海道寶物」，這些遺產包羅萬象，對生活在北海道的人們來說，分別在歷史、文化、生活、產業等各方面都具備有形或無形的價值。二〇〇四年舉辦的第二次選拔活動中，又選出二十七件，總共選出了五十二件寶物。這項選拔是向全國公開徵求，再由專家組成的專門委員會進行評審。

豆知識……自來水或瓦斯的人孔，主要是為了保護止水閥、止水栓或閘門閥等器械類而設置的一種箱形空間，這類人孔的深度較淺，尺寸只要足夠容納操作的工具伸入即可，所以大多採取直徑十公分至二十公分的小型人孔蓋。

稚內港拱頂式北防波堤。畫面中央的兩隻狗，是當年被南極探險隊拋棄後仍然存活了一年的樺太犬「太郎、次郎」。

北海道西南部有一座羊蹄山，當地人稱之爲「蝦夷富士」。京極町的人孔蓋上就畫著這座羊蹄山，以及地面湧出泉水的「湧泉公園」（照片227）。羊蹄山的雨雪滲透到地下，經過數十年之後，又從京極的這座公園裡冒出來。這裡的泉水已獲選爲日本名水百選之一。據說全年水溫都保持在六．五度左右，平均每天湧出的水量大約有八萬噸。

「湧泉公園」的「羊蹄湧泉」。

北海道更向南行有一座駒之岳，也叫做「渡島富士」，森町的人孔蓋圖案就選了這座山作爲主題（照片228）。日本的國土地理院製作的地形圖上，被標名爲「駒之岳」的高山，全國共有十八座，但是擁有「○○富士」稱號的，卻只有這座駒之岳。儘管駒之岳擁有富士之名，它的形狀卻跟富士山完全不一樣。據說這座活火山至今仍然經常猛烈噴發，目前的外型是經過無數次噴發活動造成的。

◉津輕富士、南部富士、出羽富士

東北地方的青森縣有一座岩木山，也被稱爲「津輕富士」。這座山聳立在津輕平原的南邊，當地居民視之爲靈山，許多村鎮都把它當作人孔蓋圖案的主題。譬如像岩木山所在的岩木町（現已跟弘前市合併）。現在讓我介紹一下這裡的人孔蓋吧（照片229）。畫面裡，岩木山位於遠方，中央是岩木川與町花「陸奥小櫻」。山女魚正在河裡戲水，畫面的左邊畫著稻穗，右邊是蘋果。因爲津輕平原最重要的物產，就是稻米跟蘋果。

229

青森縣以最高峰而聞名的「岩木山」。

五所川原市的西邊有個地方叫做柏村，這裡的人孔蓋圖案是以果實纍纍的蘋果林爲主題，背景就是岩木山（照片230）。據說日本最古老的蘋果樹就種在這片果林裡，已被指定爲青森縣的天然紀念物。從柏村繼續往北前進，到了岩木川西岸，那兒有個地方叫做稻垣村，放眼望去，四周全是稻田。這裡確實是名符其實的稻米重要產地。村裡的人孔蓋中央畫著岩木山，周圍還有稻穗環繞（照片231）。畫面下方的平假名「しげほ」，或許表示地區名稱。我在別處還看到寫著平假名「さいか」的人孔蓋。現在這兩個地區已跟木造町等地合併爲津輕市。

230

231

岩手縣的西部有一座岩手山，別名叫做「南部富士」或「岩手富士」，是縣內最高的山峰，南麓的小岩井農場全國馳名。滝沢村的人孔蓋上不僅畫了岩手山，還有當地的馬匹祭典「叮鈴叮鈴趕馬會」，所有參加遊行的馬兒身上都披掛著豪華鮮豔的馬具（照片232）。這項祭典的目的是爲牛馬祈求平安，因爲滝沢村的居民全是酪農。但是近年來，村中的農地逐漸改爲

住宅區，人口也在不斷增加，二〇一四年已升格爲「滝沢市」。

緊鄰盛岡市的北面，有個村莊叫做玉山村，這裡的人孔蓋圖案以村花鈴蘭爲主題（照片233），畫面的下方有一座高山，就是岩手山，上方則以三角形圖案象徵北上川。這個村子也在二〇〇六年合併爲盛岡市的一部分了。

秋田縣和山形縣的縣界有一座鳥海山，別名叫做「出羽富士」，很多城市鄉鎮的人孔蓋上都能看到這座高山。鳥海山位於日本海沿岸，是一座超過兩千公尺的獨立孤峰，周圍地區不論從哪個方向都能看到它。靠近秋田縣的鳥海山麓上，有個地方叫做鳥海町，這裡的人孔蓋上不但有鳥海山，同時還有町花杜

岩手山的山麓坡度像富士山一樣綿長。

豆知識……下水道專用的洞口直徑約六十公分，剛好能容一人進出作業，所以叫做「人孔」。自來水、瓦斯的洞口尺寸較小，可以伸手進去作業，所以叫做「手孔」，跟「人孔」有所區別。

234

235

鵑花，町鳥長尾雉（照片234）。後來在秋田縣北部藤里町的施工現場，我發現一個畫了白鼬的人孔蓋，但是同款圖畫在鳥海町卻沒有找到。而在鄰近鳥海町的矢島町與本莊市，我也看到農村下水道的人孔蓋上畫著鳥海山。鳥海町現在已跟本莊市合併，並改名爲由利本莊市。

還有一款農村下水道的人孔蓋，是在秋田縣十文字町看到的，彩色畫面裡不但有鳥海山，還有天鵝和雄物川（照片235）。這種下水道人孔蓋應該只有種稻的地區才能看到，但我後來卻在今泉地區又看到同系列的圖案，只是構圖略有變動。上述這款彩色人孔蓋，跟十文字町另一款天鵝櫻桃圖案的人孔蓋，都設置在鎭公所的玄關前面。不過十文字町已於二〇〇五年與橫手市合併，我不確定現在是否還能看到。

鳥海山靠近山形縣界之處有個地方叫遊佐町，這裡的人孔蓋圖案除了鳥海山，同時還有一種小白花，也就是町花「鳥海衾」（照片236）。鳥海山的山頂正好位於遊佐町，照

片裡的人孔蓋周圍堆滿了積雪。我爲什麼能在積雪中找到這個人孔蓋呢？其實是有理由的。因爲大部分人孔裡的流水溫度較高，人孔蓋上的積雪通常都會融化。

鳥海山南邊的八幡町（現已成爲酒田市），一般稱之爲「出羽富士的故里」。這裡的人孔蓋上畫著町花山百合，還有正在日向川水面跳躍的岩魚（照片237）。日向川的源頭在鳥海山的南麓。八幡町還有另一款人孔蓋，圖畫裡的岩魚變成了稻穗。而庄內平原也是日本著名的稻米產地。

橫跨山形縣與秋田縣的鳥海山。

◉ 會津富士、榛名富士、越前富士

福島縣的盤梯山也叫「會津富士」。一八八八年發生過激烈的火山爆發，山體北側噴出巨大的火山口。當時噴出的泥石流堵住了河川的水流，形成了好幾個湖沼，譬如檜原湖、五色沼等。會津若松市的人孔蓋上畫著市樹赤松，松樹後面的遠方就是盤梯山（照片238）。從山體南面望去，盤梯山呈圓錐形，完全符合它的別名「會津富士」。豬苗代町的人孔蓋上也畫著盤梯山、町樹七竈，還有正在豬苗代湖面漫遊的天鵝（照片239）。豬苗代町位於豬苗代湖的北岸，而人孔蓋圖案裡的盤梯山則是在湖面對岸，所以人孔蓋上的圖畫應是從南岸看到的景象。

關東也有一座別名叫做「榛名

「盤梯山」是福島縣的象徵標誌之一。

241

240

富士」的榛名山，而且還被群馬縣榛名町畫在人孔蓋上（照片240）。畫面裡的榛名山周圍環繞著町樹杉樹、町花梨花和萱草，還有町鳥鶺鴒。榛名山是外輪山與破火山口之間形成的中央火口錐，一般稱爲「榛名富士」的山峰，就是指這座火口錐。而榛名山的最高峰其實是外輪山的掃部岳，而從遠處望去，掃部岳的形狀凹凸不平，根本不像富士山。榛名町已於二〇〇六年與高崎市合併，所以從前屬於榛名町的地區，現在設置的人孔蓋都用平假名寫著「高崎」，圖案也跟高崎市相同。

榛名山上有榛名神社、水沢觀音等寺廟神社。

福井縣的日野山也叫做「越前富士」，縣內的武生市（現已合併爲越前市）選擇了這座山作爲人孔蓋圖案的主題（照片241）。事實上，我也是開始研究人孔蓋之後，才聽說「越前富士」的名字。武生市內有一座「紫式部公園」。當年紫式部的父親藤原為時被派到這裡擔任國司，紫式部也跟隨父親搬來居住。據說她經常一面眺望日野山，一面懷念遙遠的京都。在這裡大約住了一年之後，紫式部留下父親，獨自返回京都去了。或許因為她實在放不下京城的生活吧。公園裡有一尊金色的紫式部銅像，臉孔朝著日野山，靜靜地佇立在那兒。

242

◉ 近江富士、伯耆富士、讚岐富士、薩摩富士

滋賀縣的野洲市跟其他地區合併後製作的人孔蓋上畫著一座山（照片242），我察看地圖之後才知道那是三上山。這座山很矮，標高只有四百三十二公尺，但卻擁有「近江富士」的稱號。因為這座山的來頭不小，不僅在史書《古事記》，以及平安時代律令條文《延喜式》裡都有記載，紫式部也寫過和歌吟詠這座山。「近江富士」還有個名字叫做「蜈蚣山」。傳說很久很久以前，一條巨大的蜈蚣來此作亂，把瀨田龍宮城搞得烏煙瘴氣。最後還是田原藤太秀鄉攜帶弓箭爬上三上山，射死了蜈蚣，龍神一族才被拯救出來。人孔蓋的圖畫裡，前方畫的是野洲川和鳶

243

尾花，這花也是合併前的中主町的町花。

中國地方的鳥取縣有一座鼎鼎大名的「大山」，這座山還有個別名，叫做「伯耆富士」。日野川沿岸的城鎮幾乎全都把「大山」畫在人孔蓋上，而其中最具代表性的，就是岸本町（現已合併爲伯耆町），下面就讓我向各位介紹一下岸本町的人孔蓋吧（照片243）。畫面裡可以看到日野川流過大山的山麓，還有町花菊花，畫面中央則是當地名產西瓜。左側的圖案是已被指定爲國家重要文化財的「石製鴟尾」。所謂的「鴟尾」，是安置在寺院建築屋頂的裝飾品，具有防

豆知識…… 「手孔」除了指小型的「人孔」之外，還有另一種含意。當電纜埋入地下之後，為了保護中繼部分不受損害，所以必須加裝箱涵。而工作人員進行電纜保養作業時，並不需要鑽進箱涵，因此不稱箱涵為「人孔」，而是叫做「手孔」。

「大山」是包括鳥取縣在内的中國地方最高峰。

裝飾屋頂兩端的「鴟尾」。

火、避災的功能，也有人認爲「鴟尾」是「城樓屋頂裝飾鯱魚的始祖」。事實上，岸本町鎮公所屋頂上也有兩個「鴟尾」，就跟東大寺大佛殿之類大型寺廟屋頂的「鴟尾」一樣。除了岸本町之外，米子市的農村下水道也是以大山作爲人孔蓋圖案的主題。我相信今後在鳥取縣西部地區，還會有更多城市把「伯耆富士」畫在人孔蓋上。

四國的香川縣有座飯野山，大家都稱之爲「讚岐富士」。飯野山的標高只有四百二十二公尺，不算很高，但它巍然聳立在讚岐平原上，山體的外型十分好看。人孔蓋上雖然寫著地名「飯山町」，不過飯山町現已跟丸龜市合併了。照片244的人孔蓋上還畫了飯野山與飯山町的特產桃子、町樹的山茶花，以及一隻扁平足大腳丫。據說，這就是「邪者傳說」裡那個巨人的腳印。而「邪者」巨人用畚箕挑來的泥土，全都被他倒在地上，最後終於堆成了飯野山。

244

九州鹿兒島縣有一座開聞岳，又叫做「薩摩富士」。這座火山標高九百二十四公尺，位於薩摩半島南端，不僅名列「日本百名山」、「新日本百名山」之一，同時也被選爲「九州百名山」。指宿市的人孔蓋圖案就以這座名山作爲主題，只是我到現在都還沒機會前去拍照，眞是可惜啊。

在眾多人孔蓋圖案裡，很多沒有「○○富士」稱號的山岳也被選爲主題，譬如筑波山、八之岳、甲斐駒之岳、木曾駒之岳、北阿爾卑斯……等，這些山岳分別作爲各地的標誌深受大眾喜愛。本書限於篇幅，無法一一介紹，請各位讀者親自到當地去觀察一下吧。

豆知識……日本全國下水道的人孔蓋總數大約共有一千四百多萬個。假設用標準尺寸六十公分來計算，將全國的人孔蓋排成一列的話，總長度就等於從日本跨海連到美國加州的距離。

人孔蓋
雜學

人孔蓋的紋路有什麼用處？

說起人孔蓋表面的紋路，它的功能就是「防滑」。紋路的凹凸差距過淺的話，車輛容易打滑，紋路凹凸差距太深的話，行人容易絆倒。一般為了使人孔蓋的防滑度能跟周圍的柏油或水泥路面配合，紋路的凹凸差距規定為六釐米。

但由於人孔蓋承受著車輪的摩擦，紋路的凹凸差距平均每年損耗〇・二釐米左右，有時車輛行經磨損的人孔蓋，甚至因而發生輪胎打滑事故。

創意人孔蓋出現之前，日本全國的人孔蓋只有幾種固定的標準規格，而且幾乎千篇一律，全都是有凹有凸的幾何圖案。據說設計人孔蓋圖案時，最重要的一件事，就是維持凹凸面積的比例在二比一，這種狀態才比較理想。

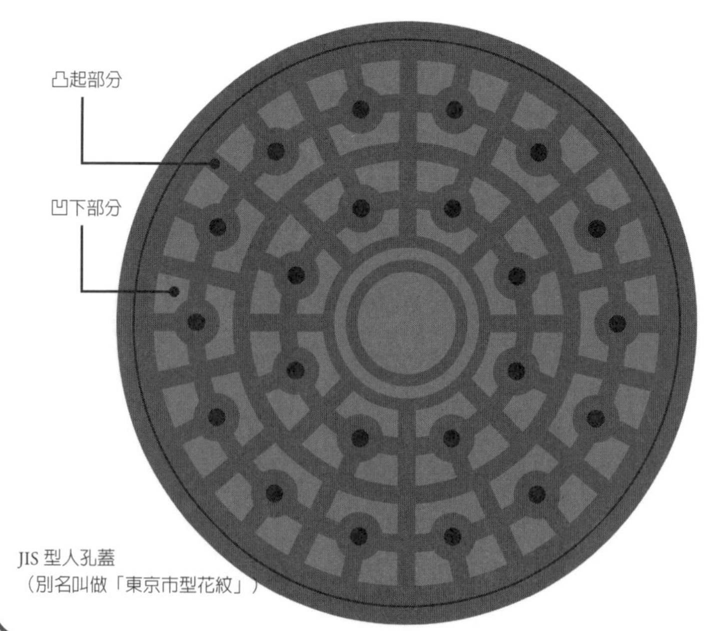

JIS 型人孔蓋
（別名叫做「東京市型花紋」）

3 富岡紡紗廠與歷史建築

躋身世界遺產的富岡紡紗廠

緊隨富士山之後，日本第十八個成功登錄世界遺產名單的古蹟，是「富岡紡紗廠*」（二〇一四年六月）。另一方面，富岡紡紗廠整體建築群也被指定爲國家史蹟，初期建築群更被指定爲國寶及重要文化財。

我到群馬縣富岡市參觀富岡紡紗廠，是在二〇一一年。當時我剛要「著手（腳？）進行退休後的單車之旅」，從榛名山麓騎車出發，順著鏑川河畔向前奔馳。富岡市爲了「申請加入世界遺產」，正在動員全市舉辦各種活動。照片301就是富岡市的人孔蓋，畫面上方畫的是紡紗廠全景，下方則是法國式紅磚牆，中間部分是市花櫻花，還有露出各種表情的擬人化蠶繭臉。另一款人孔蓋畫的是舊富岡市的市徽、市花藤花、市樹楓樹與鏑川，蓋板周圍則是富岡紡紗廠的磚牆（照片302）。看來這些專爲申遺活動而訂做的人孔蓋，確實給富岡市帶來了

301

好運。

比富岡紡紗廠搶先一步申遺成功的前輩，是岐阜縣白川村的「合掌屋」（照片303），我去觀光的時候，剛好是夏季，到處都擠滿了觀光客。所以我想下次一定要在下雪的季節，再去參觀一下「合掌屋」，問題是，可能沒法騎車去圓夢吧。

屋頂坡度極陡的「合掌式建築」。

*富岡紡紗廠：明治維新提出的殖產興業政策中，富岡紡紗廠是官營模範工廠之一，於一八七二年成立。日本在近代設立的衆多產業設施當中，富岡紡紗廠是第一個名列世界遺產的古蹟。

近代日本的建築

◉官署的建築

很多人孔蓋圖案都是以建築爲主題，這些建築雖沒有資格名列世界遺產，卻也稱得上是近代日本的遺產。譬如像富岡紡紗廠那種「官營」建築物，就被很多人孔蓋選爲主題，此外，還有很多各地的官方機構（譬如官署之類的行政單位），也被畫在人孔蓋上。

304

舉例來說，從前的北海道廳*曾被畫在國土交通省各地辦事處的人孔蓋上。我收集的照片裡，除了這張寫著「函館」（照片304），還有「室蘭」等其他八種地名的人孔蓋。畫面裡的建築物跟實物相比，已經簡化了許多，卻能充分表現建築結構的特徵。假設北海道廳的全部支廳都設置了這種創意人孔蓋，總數應該就有十四個才對。所以我

以「北海道廳舊紅磚」的綽號聞名的警察廳總部。

現在滿心期待，希望能繼續找到其他的人孔蓋呢。

福島縣桑折町也把從前的「依達郡公所」畫在人孔蓋上（照片305）。舊日的郡公所原是一棟表現明治西洋風貌的建築物。桑折町是當年伊達氏的祖先中村氏建築居城的地方，北部有半田銀山，跟「石見銀山」（島根縣）、「生野銀山」（兵庫縣）並稱日本三大銀山。桑折町因爲這座銀山而日漸繁榮，或許伊達氏因此才有能力修建如此宏偉的郡公所吧。第二次世界大戰結束後，半田銀山的礦井已廢棄不用。

305

◉ 公會堂

函館市的人孔蓋上畫的是從前的「函館區公會堂」，還有江戶末期建於函館郊外的星形要塞「五稜郭」（照片306）。前者是

306

*北海道廳：明治政府專為治理幅員遼闊的北海道而設立的特殊行政機關。一八七二年成立時，這裡是北海道開拓使辦公的地方，當時共有五個支廳（本廳設於札幌，支廳設在函館、根室、宗谷、浦河與樺太），後來才改為十四支廳制度（二〇一〇年變更）。

307

明治時代興建的殖民風格洋樓，現已被指定爲國家重要文化財。特別是夜間在燈光照耀下，至今仍然保留了當年的優雅氣質。而對人孔蓋粉絲來說，能看到五稜郭畫在人孔蓋上，實在是令人興奮的新發現。

愛知縣豐橋市的人孔蓋圖案則是以「豐橋市公會堂」、路面電車，以及市花的杜鵑花作爲主題（照片307）。豐橋公會堂是一座鋼筋水泥的建築物，一九三一年竣工，建築外觀以羅馬式藝術風格爲基調，另外還附加了西班牙拱頂。直到今天，幾乎所有門扉與窗框都還維持著當初竣工時的模樣。這座建築現已被指定爲國家「登錄有形文化財」。我騎車到建築物前面稍作停留，因爲我想拍一張跟人孔蓋圖案完全一樣的照片。但可惜的是，我去拍照的時候，並不是杜鵑盛開的時節。

豐橋市公會堂的正面外觀與路面電車。

從前的「函館區公會堂」充滿明治時代的摩登氣息。

學校的校舍

古老的建築當中，有些保存得非常不錯，而且通常都是屬於學校的房舍。譬如像山梨縣增穗町（合併後改名爲富士川町）的人孔蓋，圖畫裡的建築就是從前春米學校的校舍（照片308）。這座附有陽台的時髦建築，是在一八七六年建成的。據說爲了紀念當時的山梨縣令（現在叫做縣知事），所以就把這種外型的建築物稱爲「藤村式建築」。屋頂上有一個六角形塔屋，每天都有人準時登上塔屋擊鼓報時，所以就被稱爲「太鼓堂」。一九七四年之前，這裡曾是當地的村公所，後來又變成了當地的民俗資料館。

309

福井縣三國町（合併後改名爲坂井市三國町）的人孔蓋上畫的是從前的「龍翔小學」（照片309）。這座小學校舍位於小山丘之上，由荷蘭工程師

308

東尋坊的崖壁與日本海。

埃舍爾（George Arnold Escher）於一八七九年設計建造。五層木造樓房的外觀呈八角形，看起來非常特別。現在這座建築已變成博物館，名字叫做「三國龍翔館」。這個人孔蓋上除了校舍之外，背景則是著名的岩壁風景區「東尋坊」。說起來也很奇怪，每當我站在「東尋坊」斷崖向下眺望時，總是感到屁股發麻，不知各位是否也曾有同感？

愛媛縣西部宇合町（合併後改名爲西予市宇和町）的人孔蓋畫著「開明學校」和町花的蓮花（照片310）。這座校舍採取洋式設計，木造二層樓房，純白的木牆，圓拱形窗框。這個人孔蓋令我印象最深的，就是那片雪白的牆壁，因爲眞實的建築也跟圖畫裡一模一樣。這所學校是四國最早的小學，極具歷史價值，已於一九九七年被指定爲國家重要文化財。

一八八二年建成的「開明學校」。

時計台、報時鐘

311

　札幌市的人孔蓋圖案是時計台（p10），札幌市之外，以時計台作爲人孔蓋圖案主題的城市也不在少數。譬如像高知縣安芸市的人孔蓋，畫的就是「野良時計」（照片311）。據說這座時計是明治中期的大地主畠中源馬自己親手製造的。他先從國外訂購了一台美國的八角壁鐘，經他獨自鑽研後，再從零件開始製作。日文的「野良」即「野外」之意。由於當時一般人都沒有手錶，這座「野良時計」對野外工作者來說非常便利，能讓大家立刻知道時間。直到今天，「野良時計」周圍地區還保存了許多江戶時代的武家屋敷。在那兒散步閒逛，令人感到非常悠閒輕鬆。

　東京近郊的埼玉縣川越市也把市內的「報時鐘」畫在人孔蓋

明治時代建成的「野良時計」。

312

上（照片312）。這是一座高達三層的塔樓，當地稱之為「撞鐘堂」，高度約有十六公尺。古時是由報時官負責敲鐘報時，現在已改用機械式管理，每天敲響四次。川越市從前是川越城，也是戰國武將太田道灌建立居城之地。道灌最有名的事蹟就是親手築起了江戶城。市內至今仍然保存著江戶時代的老舊市街，白色粉牆的倉庫式建築並列街道兩旁，遊人可在此悠閒地享受散步的樂趣。

川越市中心的「報時鐘」。

另外還有岩槻市（現已改名為埼玉市），也是在埼玉縣，市內的人孔蓋上也有「報時鐘」（照片313）。岩槻市的「報時鐘」設置於一六七一

岩槻城的「報時鐘」。

313

年，當時的城主阿部正春為了向城下町居民報時，建造了這座鐘樓。大約過了五十年後，大鐘的表面出現了裂紋，又重新鑄造另一口報時鐘，之後一直沿用至今。岩槻市這款人孔蓋是彩色的，除了「報時鐘」之外，還有黃色的市花棣棠、紅色的八之橋，以及畫面上方的岩槻城黑門。岩槻城址公園裡有個池塘，八之橋橫跨在水池之上。

兵庫縣出石町（合併後成為豐岡市）的街道景觀令人懷舊，向來擁有「但馬小京都」的稱號，現已成為年輕女性深愛的觀光勝地。市內的人孔蓋上畫的是明治初期的時計台「辰鼓樓」和町花鐵線蓮（照片314）。這個彩色版人孔蓋，我是在辰鼓樓前面的石板路上發現的。那條路邊還有許多土產店。「辰鼓樓」原本就是名符其實的鼓樓，從前的城主在辰時（早上七點至九點）以擊鼓的方式向領地內民眾宣告即將臨朝理政。後來到了明治初期，有人贈送了鼓樓一台機械式大時鐘，辰鼓樓才變成現在的時計台。市內還有一間本覺寺廟，院內種植了許多鐵線蓮，每年五月下旬至六月下旬是賞花的最佳時節。

314

豆知識……據說最早開始使用下水道的，是美索不達米亞和古印度。據史料的記載，當時在巴比倫、摩亨卓・達羅（死丘）等都市，都已建造了下水道（p122）。

傳統悠久的地方建築

◉各式各樣的設施機構

山形縣鶴岡市的人孔蓋上畫的是「大寶館」（照片315）。這座樓房當初是爲了紀念大正天皇即位而建，特徵是巴洛克風格的窗戶，與文藝復興式的圓頂。現在這棟建築已變成資料館，用來展示一些出身鶴岡的前人史料與文件，譬如像明治時代的文豪高山樗牛，就是其中之一。「大寶館」的周邊地區史蹟很多，現在整個區域已納入鶴岡公園，其中包括昔日的藩校「致道館」，還有從前的西田川郡公所等。公園裡的櫻花獲選爲「日本櫻花名所百選」之一，也是山形縣最早迎來賞花季的櫻花。

一九一五年建成的「大寶館」。

315

鶴岡市旁邊的酒田市，人孔蓋上畫的是「山居倉庫」（照片

316

317

316）。庄內平原是有名的稻米產地，每年收穫的稻米都集中到酒田市，然後裝上專走日本海航線的巡迴貨船北前船，運送到京都與大阪。倉庫群的西側種植整排櫸木路樹，既可遮住陽光，使庫房免遭日曬，又可在季風強勁的冬季起到防風作用。目前這些倉庫的部分空間用來展示資料，剩下的空間開了一家時髦的商店。從前NHK拍攝電視劇《阿信》的時候，曾到這兒出過外景。

秋田縣的小坂町曾是日本最繁華的礦場。這裡的人孔蓋上畫著當時的小劇場「康樂館」（照片317）。這座建築原是爲了照顧小坂礦場工人建造的福利設施，建築物的正面外牆塗成白色，採取「下見板張」裝飾，也就是把上層木板底部壓住下層木板頂部，一層一層貼

常設型小劇場「康樂館」。

在外壁的一種工法。上下開闔式的窗戶，鋸齒狀的屋簷，整棟建築呈洋樓式外觀，而室內布置卻是典型的日式小劇場，譬如像席地而坐的「棧敷席」、橫跨觀眾席直通舞台的「花道」等，一應俱全，這種融合洋式與日式的設計，可說是這座建築的特徵。目前「康樂館」已被指定爲國家重要文化財，跟金毘羅大芝居（香川縣仲多郡琴平町）、永樂館（兵庫縣豐岡市）並列日本最老的劇場之一。

福島縣福島市的飯坂溫泉有個畫著「鯖湖湯*」的人孔蓋（照片318）。飯坂溫泉街目前還剩九家公共浴場，「鯖湖湯」是其中年代最古老的一家，內部裝潢仍然保存從前的模樣，花崗岩的浴池，脫衣場和浴室連成一體，中間沒有板壁的間隔。溫泉街的公共浴場一般都把休假日錯開，好讓顧客隨時都能入浴。「鯖湖湯」的休假日是星期一（週末假日照常營業）。人孔蓋上的鯖湖湯周圍環繞著蘋果、桃子、櫻桃、水梨等各種水果，眞不愧是「水果王國」福島的人孔蓋啊。

318

充滿明治懷舊氣氛的公共浴場「鯖湖湯」。

◉ 私人住宅

新潟縣田上町是個農業小鎮，地點位於全縣中部偏東的位置，東面是五權市，西面是信濃川以及河對岸的白根市（現已合併爲新潟市南區），南面鄰接加茂市，町內的人孔蓋上畫著町花繡球花，和一座古老的豪宅大門（建築學上稱之爲「藥醫門」）（照片319）。這座建築的名字叫做「椿壽莊」，原是江戶後期至大正時期，因興盛家業而名噪一時的越後富農田卷家的別墅。興建之初，田卷家曾到全國各地蒐集名貴木料，最後，終於建成了這棟不用一根釘子的寺廟式建築。附近的護摩堂山有一座繡球花園，每年六至七月都會舉辦「繡球花祭」。

319

大阪府富田林市的人孔蓋畫的是市樹楠木、市花杜鵑、舊日杉山家的宅第、金剛山和葛城山（照片320）。杉山家是參與創設富田林寺內町的當地世族之一，江戶時代因從事製酒業而振興家道。

320

＊**鯖湖湯**：據說，松尾芭蕉於一六八九年路過飯坂的時候，曾經來此入浴。儘管鯖湖湯一直是日本最古老的木造公共浴場，還是在一九九三年進行改建，不僅換成花崗岩的浴池，同時也重現明治時代的公共浴場風貌。

據說，全國現存的住宅商店合一的「町家」建築當中，這座宅第的歷史最悠久，也是江戶中期的大型商家豪宅遺址之一，現已指定爲國家重要文化財。此外，眾所周知，這裡也是明治時代的明星派女歌人石上露子的誕生地。她與女作家与謝野晶子等人在當時的文壇都很知名。

接著再向各位介紹山口縣東南部的大和町（合併後改名爲光市），老實說，在我的腳（自行車）踏進大和町之前，我可從來都沒聽過這個地名。當我看到人孔蓋上的建築物（照片321），我也只有極簡單的感想：「這麼老舊的洋樓！」誰知回家查詢之後才發現，這裡竟是從前伊藤博文家的府第。也就是說，這是日本第一代首相生長之地！據說這座文藝復興式建築還是伊藤博文親自設計的呢。現在伊藤博文住過的宅第和資料館都開放給大眾參觀。人孔蓋上的繡球花是大和町的町花。

321

「舊杉山家住宅」從一六〇〇年代起就是町内的重要建築。

這座二層木造洋樓是從前「伊藤博文的府第」。

現存的衆多古城

◉ 國寶級古城

日本的代表性歷史建築當中，有一種建築叫做「城樓」。在我收集的各種人孔蓋照片裡，以「城樓」爲主題的人孔蓋非常多。

首先介紹國寶「犬山城」。犬山市位於愛知縣北部的木曾川南側，犬山城位於河濱，矗立在木曾川南岸。這座城樓擁有日本現存最古老的天守閣，也是同樣擁有國寶「天守」的四城（其他三城爲：姬路城、彥根城、松本城）之一。犬山城還有個別名，叫做「白帝城」。照片的人孔蓋不僅畫了犬山城，還有木曾川的「鸕鷀捕魚」（照片322）。一般人只知道長良川的「鸕鷀捕魚」有名，這個人孔蓋畫的卻是「木曾川鸕鷀捕魚」。遊客

322

建在小山丘上的犬山城。

323

搭乘遊船從犬山橋上游順流而下，一面瀏覽犬山城全景，一面欣賞河裡的鸕鶿表演捕魚。

滋賀縣琵琶湖畔的彥根市的人孔蓋則畫著彥根城的石牆、城河裡的天鵝，畫面右方還有市花鳶尾花（照片323）。這個人孔蓋尺寸較小，因爲是用來蓋住污水儲槽的手孔。彥根城的天守閣現已被指定爲國寶，不過人孔蓋的畫面裡只畫了城樓的石牆。這段圍繞在天秤櫓前方的石牆，採用了兩種疊砌法築成，一種是右側的野面疊砌法，一種是左側的敲入疊砌法。野面疊砌法是將石塊順其自然堆疊成牆，而敲入疊砌法則在堆砌過程中，敲掉突出牆面的銳角或凸面，盡量縮小石塊接合面的縫隙。

◉東北地方的古城

請讓我繼續從北向南，向各位介紹人孔蓋上的古城。

湧谷町位於宮城縣的中央地帶，搭乘東北本線從小牛田出發後換乘石卷線，第二站就是湧谷町。這裡的人孔蓋上畫了湧谷城與町花櫻花（照片324）。湧谷城在伊達騷動（有關江戶時代伊達家的家族內部抗爭，山本周五郎的小說《最後的樅樹》寫得非常詳細）的時候，曾是故事

324

主角伊達安芸的居城，現已改建為「城山公園」，也是一般民眾喜愛的賞櫻勝地。湧谷町從前也是黃金（砂金）的產地，傳說東大寺鑄造大佛的時候，湧谷町曾經奉獻了九百兩（約十三公斤）黃金。

　橫手市位於秋田縣中央地帶，秋田縣原本多雪，橫手市又比縣內其他地方更多雪。橫手城是有名的賞櫻勝地，從鎌倉時代起，這裡就是小野寺氏一族的城下町。照片325的人孔蓋畫著城樓與櫻花，同時還有橫手雪屋祭的「雪屋」。這項祭典在每年的二月舉行，是秋田地方最具代表性的冬季祭典，民眾在雪中築起雪屋，然後在屋內祭祀水神。一家小酒店的老闆曾告訴我：「可是啊，大人更瘋的是『梵天』啦。」所謂的「梵天」，其實源於江戶時代消防人員使用的「纏」，每當發生火災時，每個消防小組便有專人高舉狀似旌旗的「纏」，指揮大家合力救火。時至今日，「纏」的尺寸已比從前增大許多。橫手市為向世人誇耀這段長達三百年的歷

325

史，每年都在元宵節舉行「梵天祭*」，參賽的各隊都把自己的「梵天」頂端裝飾得豪華亮麗，彼此爭豔，爭先恐後地猛向前衝，企圖將自己的「梵天」率先奉入旭岡山神社。

下面再介紹五城目町的人孔蓋，這個町位於秋田縣西部的南秋田郡中央地帶。附近有個大潟村，原本是八郎潟湖，後來將湖水排盡，開墾成為大潟村。五城目町就在大潟村的東邊，但我以前從沒聽說這裡有座城樓。人孔蓋畫著五城目城與町花的山百合（照片326）。五城目城是一座山城，也是藤原內記秀盛的居城，興建工程始於安土桃山時代，直到江戶初期才全部竣工。原本的城樓並沒有天守閣，但在城樓遺跡所在的山腹森林裡，現在五城目町已建起一座模擬天守閣，並利用內部空間作為森林資料館。老實說，五城目町這個地名，跟城樓實在很相配啊。

326

「橫手城」原本並沒有天守閣，後來再增建了模擬天守。

山形縣北西部的松山町（現已合併為酒田市）位於庄內平原東部的最上川沿岸，町的中心地帶松嶺，也就是從前松山城的城下町。松山町的人孔蓋上畫著城樓遺址裡殘存的大手門，還有

松山町的町樹赤松（照片327）。松山城原是庄內藩酒井家的兩萬五千石支藩・松山的城池，城樓的大手門又叫「多聞樓」，現已成爲山形縣內僅存的江戶時代建造的城門，以前曾遭雷擊燒毀，後來接受酒田的本間家捐款資助，才又恢復原貌。這座城郭式建築全部採用欅木建造，白牆間隔，雙層屋瓦，現已指定爲山形縣文化財。

照片328是福島縣南部白河市的人孔蓋。白河與勿來在古時都是外地進入奧州的門戶，也是重要關卡。人孔蓋上的城樓是松平定信擔任城主時的小峰城，松平定信的名字在歷史教科書裡曾被提到，因爲江戶時代的「寬政改革」就是他提出的。定信爲了挽救江戶幕府的財政，積極推行嚴厲的儉約政策，所以庶民對他的評語都不太好，但在自己統轄的領地裡，松平卻被讚爲「明君」。小峰城的城樓全是石塊堆砌的石牆，這在東北地方算是

＊**梵天祭**：衆所周知，「梵天祭」充滿動感，參加者在激烈推擠中，爭先恐後地把「梵天」送進神社大殿，雪祭則是在「雪屋」裡進行，兩者呈現對照性的氣氛。

非常罕見，因而跟盛岡城、若松城並稱「東北三大名城」。後來在戊辰戰爭之中，小峰城受敵攻陷，城樓大半燒毀。一九九一年，白河市根據當時的史料，在本丸遺址上重新修復了三重櫓（即是天守閣），又於一九九四年，同樣也參考當時的史料，修復了前御門。

◉關東地方的古城

茨城縣東南部的石下町（現已合併爲常總市）位於鬼怒川東岸，這裡的人孔蓋也畫著一座城樓（照片329）。有一次，我騎車在那附近探訪，待走到鬼怒川的石下大橋時，我一回頭，看到前方有一座雪白的城樓。原來是模仿從前的「豐田城」而建的模擬城樓。當年豐田氏在此興建居城，統治過周邊的地區。而現在這座仿製的城樓則是「常總市地域交流中心」。

埼玉縣行田市位於北部利根川與荒川之間的沖積平原，江戶時代曾是松平氏治下的十萬石城下町。照片330的人孔蓋畫的是「忍城」，也是關東七大名城之一。忍城是在室町時代由成田顯

329

330

泰興建完成。後來石田三成進攻忍城時，計畫放水圍攻城樓，最後卻以失敗告終。忍城周圍地形全是沼澤，無數小島散布其間，原本就是一座易守難攻的城池。城樓施工的時候，也是先搭起渡橋，將各個小島連結起來才能完工。現有的「三階櫓」，是一九八八年重新修復的建築。忍城的周圍自古就有居民定居，現已發現包括稻荷山古墳在內的許多古墳。這個地區最早的名稱是「埼玉（發音為SAKITAMA）」，後來「埼玉」變成縣名之後，發音也變成了「SAITAMA」。人孔蓋上環繞在忍城周圍的是市花的菊花、市樹的銀杏。

千葉縣的關宿町（現已合併為野田市）也有畫著城樓的人孔蓋。關宿町位於利根川與江戶川的分岐點，江戶時代曾是重要的水運據點，因而日益繁榮。關宿城是室町時代的簗田滿助（一說是簗田成助）興建完成。後來到了江戶時代，幕府把關宿藩的藩廳設在這裡（照片331）。一八七四年左右，城樓曾經拆掉重建，主樓的天守閣（現為「關宿城博物館」）是根據史料紀錄，並參考了現在的皇宮富士見櫓而重新修建完成。

「忍城」的三階櫓已重新修復，其中一部分現在是博物館。

豆知識……日本年代最久的近代下水道，是一八八四年在東京興建的「神田下水」。現在我們使用的下水管，幾乎全都用水泥或塑料製造，而當時的下水管卻是用紅磚堆砌而成。神田下水現在仍像從前一樣繼續運作，構造也幾乎不曾改變（p122）。

神奈川縣西南部的小田原市，從前是北条氏的城下町，後來成爲東海道沿線驛站集中的宿場町而日漸繁榮。這裡的人孔蓋畫著酒匂川的「蓮台渡河」景象（照片332）。而另一方面，靜岡縣島田市的人孔蓋也畫了同樣的「蓮台渡河」（p62）。

小田原位於箱根山的山麓，在東海道的沿途上，箱根算是極難穿越的關卡，同樣的，橫渡酒匂川也是艱難的任務。江戶時代的酒匂川上沒有架橋，旅行者只能在渡口找背夫把自己背到對岸去。畫面的背景畫的是富士山、箱根山，還有小田原城。

從戰國時代至江戶時代，「小田原城」一直是北条氏的根據地。

「懷古園」的大手門與石牆至今仍在。

◎ 甲信越・北陸地方的古城

小諸市位於長野縣東部淺間山的南西山麓，市內人孔蓋上畫著小諸城遺址「懷古園」的大門（照片333），背景是正在噴煙的淺間山。我到當地採訪的時候，正好碰到颱風剛過，千曲川看起來非常渾濁，淺間山完全不見蹤影。這個人孔蓋的邊緣畫了兩種花，可能大家比較不容易看清，一種是市樹梅花，一種是市花小諸菫。

下面再向各位介紹長野縣駒之根市南邊的飯島町。駒之根市位於長野縣南部的伊那盆地，飯島町的人孔蓋雖然沒畫城樓，卻用鮮豔的色彩畫出飯島陣屋與町花石楠花（照片334）。江戶時代，飯島町是直屬幕府管轄的天領地區，代官（下級地方官）的辦公處「飯島陣屋」便設在這裡。飯島町因而成為三州街道的宿場町，行人絡繹不絕，市面欣欣向

333

334

335

榮，明治時代又成爲伊那縣政府的所在地。我到當地採訪的時候正是秋季，沒看到石楠花盛開，但是看到了那座陣屋，就跟人孔蓋上畫的一模一樣。

長岡市位於新潟縣越後平原的中央地帶。江戶時代的牧野家在此建立居城，稱爲「長岡城」。後來到了幕府末期，擔任家老的河井繼之助在這裡與京都新政府軍進行激戰，這段歷史相信大家已耳熟能詳。長岡市的人孔蓋中央畫著長岡城，右下方畫著「火焰形土器」（火焰形土器最早是在長岡市的馬高遺址出土。長岡市街頭也放置巨型複製品作爲裝飾），右上方畫著以「三尺玉」著名的長岡煙火，還有代表性的長岡街景（照片335）。長岡城的城樓在戊辰戰爭中遭戰火燒毀，本丸的位置大約就是今天的長岡車站，二之丸的位置則相當於站前地區。人孔蓋左下方的杜鵑花是長岡市的市花。

新潟縣南部松代町（現已合併爲十日町市）位於多雪地區，町內的人孔蓋上畫著松代城與町花雪椿（照片336）。我

336

337

從十日町車站搭乘「北北線」，穿過一段極長的隧道後，來到松代車站。剛走出車站，就看到前方又有一座隧道。松代車站的地理位置就在這樣的深山裡，而松代城則位於車站後方遙遠的山腰裡。眾所周知，十日町市是日本屈指可數的多雪地區，冬季常下大雪，江戶時代的藩士總是擔心雪路難行，深怕積雪延誤自己進城上朝。

照片337是福井縣大野市路邊排水溝的雨水儲槽*人孔蓋。彩色的畫面裡畫著大野城與市花辛夷。越前大野城是由織田信長的家臣金森長近築起的城池，城樓有一座二層三階的大天守閣，還有一座二層二階的小天守閣。人孔蓋上畫得非常清晰，大天守閣有兩重屋頂，樓高三層，小天守閣有兩重屋頂，樓高二層。人孔蓋的左半邊畫的是大野市早市的景象。早市每天營業到上午十一點，可惜我去參觀時，市場已經打烊。我只好轉向市內繁華區走

***雨水儲槽**：專門承接簷下的雨溝或排水溝的雨水專用儲槽。雨水或家庭生活廢水等流進下水道主幹管之前，通常都是集中儲存在各家庭用地的儲槽裡。

去，因爲聽說那裡有個窪地，名水百選的「御清水」就是從那裡地面湧出來。所以我想，不如趁機也去喝幾口吧。誰知正要喝水那一瞬，我的數位相機竟從口袋滑出來，掉進水裡去了。後來費了九牛二虎之力，我才把相機裡的影像數據救了回來，但是那台相機卻報銷了。

◉東海地方的古城

岐阜縣南惠那的東濃盆地有個地方叫做岩村町（現已合併爲惠那市），這裡有一座鎌倉時代築成的岩村城。城樓位於標高七百一十七公尺的城山之上，是日本三大山城（其他兩座是大和的高取城、備中的松山城）之一。據說在戰國時代，一位城主的妻子曾經暫代亡夫執掌城務，岩村城因而獲得「女城主之城」的別名。也因此，岩村町的人孔蓋下方寫著「女城主之里」等字，同時畫著舊岩村町的町樹五葉松、町花山躑躅（照片338）。我搭乘明知鐵道的列車到了當地，在那古老的城下町，一面享受街頭的寧靜，一面在四處取景攝影。

掛川市位於靜岡縣中部，市內人孔蓋（照片339）上的掛川城是有名的古城。關原之戰的時候，山內一豐率先將掛川

338

339

城獻給德川家康，並且因爲這項軍功，得到了土佐國九萬八千石的封地。掛川城現有的木造天守閣，是在一九九四年重新復建的。原有的天守閣震毀後經過一百四十年，終於再度出現在世人面前。我去採訪時曾經親自爬上天守閣參觀，樓內的樓梯又窄又陡，非常忠實地重現了當時的氣氛。我不禁暗自感嘆：從前武士遇到「緊急時刻」，還得身穿盔甲爬上這段樓梯，眞是要命啊！人孔蓋上的城樓周圍畫的是市花桔梗。

愛知縣豐橋市的人孔蓋畫的是吉田城（豐橋城）與手筒煙火（照片340）。吉田城在戰國時代是控制三河地區的重要據點之一，現在只剩下一座隅櫓（鐵櫓），是一九五四年重新復建的建築。至於手筒煙火，相信大家都在豐橋祇園祭或炎之祭典看到過，這種煙火不是放在地上點燃，而是用手抱著竹

TOYOHASHI
340

「掛川城」的天守閣（左）與城外安置報時大太鼓的太鼓櫓（右）。

別名「龍城」的岡崎城。

筒任由火焰噴發。大型煙火噴發時，橘紅色的火焰甚至能高達十幾公尺。但那些抱著手筒煙火的男人卻一點也不在乎，全程都緊緊抱著手筒，那種勇氣實在令人想給他們熱烈掌聲。

愛知縣岡崎市的人孔蓋圖案是系列作品，題目叫做「城樓三部曲」。第一幅圖畫是「岡崎城與矢作橋」（照片341）。岡崎城是德川家康出生的地方，而橫跨矢作川的矢作橋則是江戶時代日本最長的大橋，而從橋上通過的道路，就是東海道（國道一號線）。矢作橋已經重修過無數次，現在的橋身是第十六代，全長約三百八公尺。

第二幅叫做「岡崎城與五萬石船」（照片342）。岡崎城南邊有一條河叫做乙川。圖畫裡，航行在乙川水面的帆船載著無數稻草編織的米袋，船帆上寫著「五萬石」等字。岡崎城座落在東海道的樞紐位置，因而成爲尾張名古屋的重要補給據點，

341

342

儘管在分封制度上地位不高，卻因爲出了德川家康這樣的偉人，民間甚至還流傳著這樣的歌謠：「岡崎五萬石，船隻直抵城下町。」乙川的堤防沿岸搭建了許多藤棚，這些藤花叫做「五萬石藤」，一九六三年被指定爲岡崎市的天然紀念物。藤花也是岡崎市的市花，我到當地去採訪是在五月底，可惜花季已經結束了。岡崎城系列作品的第三幅（p148），我將留到第四章再向各位介紹。

下面再向大家介紹愛知縣日進市的人孔蓋，圖畫的主題也是城樓（照片343）。日進市位於名古屋市東邊，市內有許多大學與高校，是一座田園學園都市。人孔蓋上的城樓是「岩崎城」，據古老的史料記載，這裡曾是尾張國勝幡城主．織田信秀（織田信長的父親）的根據地，也是一五八四年「小牧．長久手之戰」的舞台之一。戰爭結束後，岩崎城被戰火燒毀，之後，直到一九八七年「岩崎城遺址公園」開幕時，才重修了一座五重天守閣（模擬天守）作爲展望塔。

343

豆知識……大部分消防栓人孔蓋的周圍都塗上黃色或橘色的線條。因為消防栓必須從遠處就很容易識別。

344

上野市（現已合併為伊賀市）位於三重縣西部的伊賀盆地，也是盆地的中心城市。合併前的上野市在人孔蓋上畫了伊賀上野城和一個嘴裡咬著卷軸的忍者（照片344）。伊賀上野城是由藤堂高虎在戰國時代末期建立，不過現存天守台上的三層三階天守閣，卻是在一九三五年重新修復的建築。上野市現在還有個町的名字叫做「忍町」，是伊賀流忍術的發源地。伊賀市舉辦過公開徵求忍者角色名字的活動，據說當時全國各地寄來了一千一百四十九封應徵信件，最後審查結果決定，忍者小男孩取名叫做「忍太」，忍者小女孩叫做「阿忍」。當地的上野公園裡還有一座「伊賀流忍者博物館」，並在館內展示各種忍者道具與資料。

◉ 忍者的人孔蓋

寫到這兒，讓我暫時岔開話題，先向各位介紹一下伊賀町（現已合併為伊賀市）的人孔蓋吧（照片345）。伊賀町跟忍者關係密切，位置緊鄰上野市，町內有個拓植車站，是關西本線

345

346

跟草津線的分歧點。鄰接三重縣境的滋賀縣甲賀町（現已合併爲甲賀市）跟伊賀一樣，都是忍者的故鄉。伊賀町的人孔蓋上畫著町徽、町花的杜鵑花，還有一位手擲飛鏢的可愛忍者。據說伊賀的忍者擅長忍術和打鬥，甲賀的忍者則擅長藥術。

照片346是合併後的伊賀市人孔蓋。其實，這個人孔蓋，我是在埼玉縣戶田市的下水道工地發現的。可能只是施工期間暫借使用。人孔蓋上畫了三名可愛的忍者，頭上分別畫著市樹赤松、町花日本百合，還有町鳥雉雞。

說完伊賀町，下面還是繼續介紹忍者系列人孔蓋吧。

緊鄰伊賀的甲賀町（現已合併爲甲賀市），也把忍者畫在人孔蓋上（照片347）。甲賀町位於滋賀縣東南部，是傳統的近江藥商聚集地，同時也以茶園眾多著稱。人孔蓋上的甲賀忍者

347

豆知識……消防栓不只在火災時發揮作用，碰到停水等事故之後，還可用來清洗自來水管。消防栓跟自來水管連結在一起，同時也歸自來水局管轄。不過消防栓人孔蓋的圖案設計，據說必須跟消防局研討之後才能定案。

正把手裡的飛鏢擲向前方，看起來就像在向觀眾挑戰。伊賀市人孔蓋上的忍者帶著幾分喜感，這幅畫裡的忍者卻畫得非常眞實。圍繞在周圍的花朵是町花杜鵑花，甲賀町合併爲甲賀市之後，市花變成了日本百合。

◎近畿地方的古城

讓我們再把話題轉回古城。下面要向各位介紹大阪府岸和田市的人孔蓋（照片348）。岸和田最初是岸和田藩的城下町，之後，便以此爲中心，逐漸發展成爲泉南地區的中心城市。豪氣萬千的「岸和田地車祭」更是全國馳名的祭典活動。人孔蓋上的創意圖案裡包含了「岸和田城」、市花玫瑰，還有市樹楠木。

一六一四年，戰國時期最終戰役的大坂之役冬之陣進行中，德川家康的外甥松平信吉曾經領命掌理岸和田城，城內現存的天守閣，是從前的城主後代岡部氏與市民合力籌款，於一九五四年重建的。今天，這座城樓已成爲市立展示設施，內

348

豎立在JR甲賀車站前的甲賀忍者像。

部陳列了許多有關岸和田城的歷史資料與相關收藏品。同時這座古城現在也是岸和田市振興城市觀光的重要據點。

◉中國・四國地方的古城

岩國市位於山口縣東南部與廣島縣的縣境交界地帶。提起岩國市，市內有一座鼎鼎大名的拱形木橋「錦帶橋」，橫跨在錦川之上，而市內的人孔蓋也不出所料，果然是以這座橋爲主題（照片349）。畫面裡，除了號稱岩國觀光標誌的錦帶橋之外，還有月光照耀下的岩國城，以及篝火閃耀中的鸕鷀捕香魚。眞是一幅充滿雅趣的景象！「岩國城」建於慶長十三年，第一代岩國藩主吉川広家選中了錦川環抱的天然要隘橫山，並把城池建築在橫山的山頂。

349

錦川從「岩國城」眼前流過，是天然的護城河。

350

香川縣西北部的丸龜市是縣內第二大城，地位僅次於高松市。丸龜市原是丸龜藩的城下町，後來逐漸發展成爲現在的規模。同時，由於金刀比羅宮的參拜入口位於丸龜市，民眾參拜金毘羅大神之後，都會買些土產團扇，所以市內的團扇製造業非常發達。我在市內看到的人孔蓋上就畫著幾把團扇和「丸龜城」，據說丸龜市的團扇產量佔全國的九成左右（照片350）。畫面中央的團扇畫著城樓的天守閣與三層石牆，右邊的團扇上寫了一個金毘羅的「金」字，左側的團扇則畫了舊丸龜市的市徽。擁有四百年歷史的丸龜城四周全被石牆環抱，據說這座石牆是日本全國最高的城牆。現存的天守閣與大手一之門、大手二之門，已被指定爲國家重要文化財。

「丸龜城」位於日本最高的石牆之上。

◉九州地方的古城

鹿島市位於佐賀縣南部的有明海濱，從前曾是「鹿島城」的城下町。兩萬石鹿島藩的居城原本在北鹿島的常広城，一八〇七年遷移到「鹿島城」來。一八七四年的佐賀戰爭（佐賀之亂）混亂中，城樓全被燒毀，目前市內人孔蓋上畫的是城樓的赤門和市花櫻花（照片351）。赤門現已被指定為佐賀縣的重要文化財，同時也是縣立鹿島高等學校的校門。城內本丸南邊的武家屋敷仍被保存得很好，茅草屋頂的房舍，四周環繞著美麗的白色土牆。

中津市位於大分縣北部與福岡縣的縣境交界處。市內人孔蓋上畫的是中津城與中津川上舟船往來的景象（照片352）。中津城的興建工程是在豐臣秀吉平定九州之後，由黑田孝高（如水）於一五八八年開始進行，但最終卻是在細川忠興的手裡完

豆知識……豐臣秀吉建造大坂城的時候，在城內修建了污水溝，大阪市內現在仍可看到這些被稱為「太閤污水」的水溝，部分水溝至今仍在使用。但為了車輛易於通過，溝上已覆蓋石板。

352
351

「中津城」是城下町中津的象徵標誌。

成建城的任務。城樓的結構是以本丸爲中心，逐漸向四周擴展爲扇形，所以又叫做「扇城」，另一方面，城樓位於中津川入海處的周防灘前方，城河從河口引進海水，所以又有「水城」之稱，也是日本三大水城（其他兩城是高松城、今治城）之一。從前NHK還到當地拍過大河連續劇。現在中津城跟福澤諭吉故居都已成爲中津市的觀光名勝。

除了中津市之外，下面要介紹的佐伯市也在大分縣。這個城市的位置處於大分縣東南部，市內的人孔蓋上畫著「佐伯城（別名「鶴谷城」）」的三之丸櫓，以及合併前的舊市花山茶花（照片353）。佐伯市也是文豪國木田獨步外派擔任英語與數學教師時住過的地方，他的作品《源叔父》、《春之鳥》等，都以佐伯市爲舞台。人孔蓋上方還用毛筆字體寫著：「佐伯之春先到城山」。據說獨步當年很喜歡在僅存櫓門的城山周圍散步。

353

354

最後，再向大家介紹一下沖繩的古城，沖繩本島的南部有個玉城村（現已合併爲南城市），村內人孔蓋的中央用片假名混合漢字寫著：「GUSUKU與水之里」（照片354）。GUSUKU就是「城」的意思，也是古琉球時代流傳至今的古蹟。玉城村裡現在除了「玉城GUSUKU」之外，還有許多十三至十五世紀築起的古城遺跡。此外，這裡也是沖繩的稻作發源地。根據《琉球國由來記》記載的傳說指出，古時有鶴從大海對岸銜來稻穗，這些稻米的種子後來發芽生長，結成果實，成爲琉球稻作的起源。人孔蓋圖案裡也畫著稻穗和鶴。

豆知識……一般人孔蓋都裝置了適當配備，防止人孔蓋被風吹飛，被人偷走，或是隨便被人掀開。最近的人孔蓋還裝置了自動鎖，如果沒有專門的工具，根本沒法任意打開。

最古老的人孔蓋在哪裡？

人孔蓋雜學

全世界現存的人孔蓋當中，應以龐貝遺跡（義大利）中發現的大理石蓋板最古老。但是從下水道的歷史來看，早在美索不達米亞文明和印度河流域文明的時代，當地人類就已懂得挖溝排水，可見用來覆蓋下水道的蓋板，應從更古老的時代就已開始使用。

再譬如像電影《羅馬假期》裡出現過的「真理之口」，儘管年代不是最久遠，但據說那塊蓋板也是某處排水溝的人孔蓋。

根據紀錄顯示，一八八一年（明治十四年），日本在橫濱外國人居留區完成了全國最早的下水道設施，當時使用的是木製人孔蓋。而其他文獻也記載，一八八四年（明治十七年），東京神田下水已經採用鑄鐵網形蓋板，據說那才是日本最老的人孔蓋。

日本開始使用現在常見的圓形人孔蓋，是在明治末期到大正初期，應該是參考西歐（主要是英國）的人孔蓋製造的。

義大利羅馬的「真理之口」。蓋板上的雕像是海神波賽頓之子崔萊頓的臉孔。

4 常見的日本祭典與鄉土表演藝術

北海道．東北地方的祭典

祭典是承繼日本傳統的活動之一。其實我眞的很想前往各地，參觀當地的祭典，但每次碰上祭典時期，當地的旅館就很難訂，套裝行程的收費也隨之三級跳大漲價。所以說，各位不如來欣賞一下本章的人孔蓋照片，藉此享受祭典的樂趣吧。但我在此想向讀者表示歉意，因爲北海道和西日本的照片數量似乎稍嫌不足。

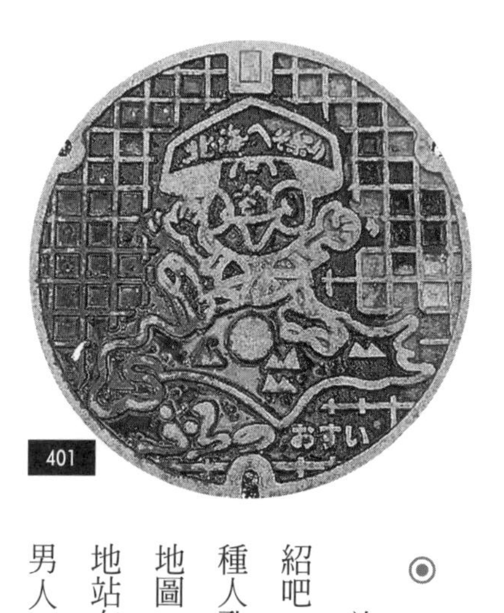

401

北海道

首先讓我從北海道開始介紹吧。北海道的富良野市共有三種人孔蓋，其中一種畫著北海道地圖，同時還有個男人興高采烈地站在地圖上跳舞（照片401）。男人的頭頂部分寫著「北海肚

富良野車站附近拍到的吉祥物「肚臍丸」。

臍祭」幾個字，這項祭典在每年七月二十八、二十九日兩天舉行，無數男女老幼都手舞足蹈地聚在一起跳「圖腹舞」。所謂「圖腹」，是把整個肚皮畫成臉孔，並戴上遮臉的大斗笠翩翩起舞，因而叫做「圖腹舞」。由於富良野的位置正好在北海道正中央，也就是說，相當於肚臍的位置，所以從一九六九年開始舉辦這項活動。

照片402是旭川市東部的東川町的人孔蓋，蓋上除了稻穗之外，還畫了相機與膠卷。東川町號稱「攝影之町」，宣示要以攝影振興全町。每年夏天，東川町舉辦「攝影甲子園」，邀集全國高中生以東川町爲題進行攝影競賽。譬如像雄偉的大雪山等自然景觀，或是町內居民的生活身影……都成爲各地高中生的拍攝對象。

◉ 青森縣

照片403是五所川原市的人孔蓋。本書第一章介紹過青森

403　402

市的「睡魔祭」（p13），五所川原市也有類似的睡魔祭，只是睡魔的造型採取立式，叫做「立佞武多」。此外，當地還有另一項祭典也很有名，就是「蟲火祭」。這項活動分兩個部分：蟲祭遊行和火祭，是奧津輕地方祈禱五穀豐收的古老習俗。遊行進行時，民眾高舉一條巨「蟲」在町內緩步前進，「蟲」的身體用稻草編成，前端插入巨大的木雕龍頭，就像照片裡的龍頭一樣。巨「蟲」被人舉著走過街頭巷尾，最後來到河畔，點火燃燒，即是送蟲升天的「火祭」，也是這項祭典高潮迭起的最後一幕。據說龍頭和蟲體都非常巨大，有時甚至長達十公尺呢。

津輕地方有個常盤村（現已合併爲藤崎町），村內的人孔蓋上畫著常盤村水木地區流傳已久的舞獅（照片404）。可惜拍照時人孔蓋剛好淋了雨，照片裡竟看不清獅臉這麼重要的部分，

404

但卻能看到三個戴著獅子頭的舞者擺出小丑的滑稽動作正在起舞。水木舞獅已於一九六二年指定爲青森縣無形民俗文化財。

照片405是青森縣南部町的人孔蓋。南部町位於青森縣南部，距離岩手縣很近。人孔蓋的中

405

央畫著許多人正在跳「南部柄振舞」，圍繞在四周的，是町花牡丹。「柄振舞」是爲了祈禱豐收，在每年元宵節舉行的傳統活動，參加者則以歌舞表現農事作業。據說「柄振」是從農具的「杁」（無齒的耙子）而來，一九七九年，這項活動已被指定爲國家重要無形民俗文化財。

◉岩手縣

岩手縣的代表性祭典是「三颯舞」，但我在盛岡市內卻沒找到這類主題的人孔蓋，反而是後來在花卷市的人孔蓋上，看到花卷地方流傳的「鹿舞」（照片406）。每年九月舉辦的「花卷祭」當中，縣內各地的「鹿舞」團體都聚集一堂，向大眾展露他們雄壯的舞姿。鹿舞原本只是一種村民以舞蹈方式祈求平安的驅邪活動，分爲兩種流派，一是舞者邊舞邊奏的「太鼓踊系」，一是舞者只管跳舞，另有樂隊伴奏的「幕踊系」。花卷的鹿舞屬於「太鼓踊系」，特徵就是舞者一邊唱歌跳舞，一邊敲打太鼓。

406

宮澤賢治童話村的欄杆上畫著「鹿舞」圖。

407

本書第二章介紹過滝沢村（現已合併爲滝沢市）人孔蓋的「叮鈴叮鈴趕馬會」（p72），而釜石市的人孔蓋畫的則是兇猛的老虎和華箬竹（照片407）。這隻老虎正是傳統鄉土表演藝術「虎舞」的主角。從前在市內繁華區附近「酒鬼橫丁」旁邊，還有一座「虎舞像」，不過後來東日本大地震引發的海嘯，已把雕像沖走了，就連周圍的整排長屋式小酒店，也不留一絲痕跡。據說就連舞者表演虎舞的服裝，也全被沖得一乾二淨，所幸後來因爲全國各地伸出援手，這項祭典活動才得以復活。

「酒鬼橫丁」旁邊的「虎舞像」。

◉ 宮城縣

提起宮城縣的祭典，最有名的當然是仙台的七夕祭。第三次到仙台探訪時，我在仙台車站東口發現了畫著七夕祭的消防栓人孔蓋（照片408）。可惜的是，蓋上的圖畫不是彩色的。

石卷市的市區東邊有一條河，名字叫做舊北上川，每年河上都舉行「石卷川開河祭」。

408

市內的人孔蓋上畫了橫跨舊北上川河口的「日和大橋」，還有祭典中的煙火大會（照片409）。橋下的水裡有兩條鮭魚，一雌一雄，都在努力游向上游。

一迫町（現已合併爲栗原市）是宮城縣北部栗原郡西南部的商業中心，這裡的人孔蓋上畫了一張長著鹿角的鹿臉面具，以及從前一迫町的町花菖蒲（照片410）。這種戴著鹿臉面具表演的舞蹈叫做「早川流八鹿舞」，是一種表達祖先崇拜與驅邪趕鬼的鄉土表演藝術。一九七一年已指定爲宮城縣的無形民俗文化財。

豆知識……大雨時，雨水大量流進下水道，管內的壓力增高，人孔蓋有時會被壓力噴飛。但是最近的人孔蓋已大為改善，都裝置了釋放壓力的設備。

409

410

能代車站前的巨型金鯱立體雕塑。

◎秋田縣

我在第一章介紹過秋田市的「竿燈」人孔蓋（p13），其實秋田縣還有很多其他人孔蓋也是以祭典爲主題。譬如能代市「能代役七夕」出場的城郭型巨大燈籠和金鯱（照片411），據說這項祭典的起源，是因爲古時坂上田村麻呂跟蝦夷打仗時，曾使用燈籠嚇走敵人。祭典的遊行中，聳立在山車上的巨大城郭和金鯱放出光芒，照亮夜空，隊伍跟隨著雄壯的太鼓聲，緩緩走過市區。祭典最後一幕高潮，是把點燃的金鯱放進米代川，讓河水將它帶走。

照片412與照片413的人孔蓋畫的都是湯沢市三大祭。照片412的主題是「犬子祭」。很久以前，湯沢的

411

412

413

領主爲了趕走盜賊，永遠不再侵襲，便在舊曆新年的時候，用米粉做了許多「犬子」貢獻給神明。據說這就是「犬子祭」的由來。照片413的人孔蓋上方是「七夕繪燈籠祭」，左下方畫的是愛宕神社的「大名行列」，兩者都是佐竹南家統領當地城下町的時候舉辦的祭典活動。

414

男鹿市的自來水止水閥蓋畫的是「生剝鬼」（照片414）。每到祭典當天，生剝鬼一面走進附近人家，一面嚷道：「耍賴的壞孩子在哪裡！」家中小孩受到驚嚇，大哭起來，立刻躲到父母的身後。「耍賴」就是「撒嬌哭鬧」的意思。生剝鬼進門之後，家中的父母會端出御神酒，請鬼喝完趕緊離去，不過據說生剝鬼通常喝完了酒，反而藉酒裝瘋，更加可怕。這項祭典叫做「生鬼柴燈祭」，是在每年二月舉行。

大曲市（現已合併爲大仙市）的人孔蓋上畫著丸子川和大平山的風景，還有正在天空燦爛綻放的煙火（照片415），圖畫的主題是一九一〇年起開始舉辦的「大曲全國煙火競技大會」，在奥羽山脈

男鹿車站前的「生剝鬼像」。

415

爲背景的雄物川河邊，展示傳統與技藝的煙火競技在此進行。通常是在八月的第四個星期六，選自全國的一流煙火師匯聚一堂，爭相顯露獨門絕技。

角館町（現已合併爲仙北市）有個人孔蓋上畫著紅葉祭典時的山車遊行景象（照片416）。拖曳前進的山車之上，古代武士的勇猛身影重新展現在世人眼前。角館向來有「道奧小京都」之稱，路邊並排矗立的武家屋敷，黑牆與垂枝櫻互相對照，景致十分美麗。每年櫻花季都有大批觀光客湧來賞櫻。

照片417是秋田縣南部羽後町的人孔蓋。圖畫主題是「西馬音內盆舞」的舞者，以及圍繞在四周的町樹梅花。祭典中，舞蹈的氣氛十分詭異，舞者都在頭上蓋一塊黑布，叫做

416

417

「彥三頭巾」。據今年九十歲的家母表示，她曾在小時候看過這種舞蹈。家母回憶當時的情景說：「看起來好恐怖。」「西馬音內盆舞」是日本三大盆舞之一，其他兩種盆舞是：「阿波舞」和「郡上舞」。

◉ 山形縣

尾花沢市的人孔蓋畫了象徵雪國的雪花結晶，中央部分是「花笠祭」的花笠，周圍還有當地名產西瓜（照片418）。山形縣內各地都有花笠祭，但據說尾花沢市才是花笠舞的發源地。舞者手舉紅花裝飾的草帽，腳下配合「花笠調」緩步踏過街頭。一般所謂的「東北三大祭」，是指「仙台七夕祭」、「青森睡魔祭」、「秋田竿燈祭」，但如果列舉「五大祭」的話，就要再加入「山形花笠祭」和「盛岡三颯舞祭」。照片419是我在市內偏僻處找到的唯一的祭典人孔蓋，猛一看，我完全

418

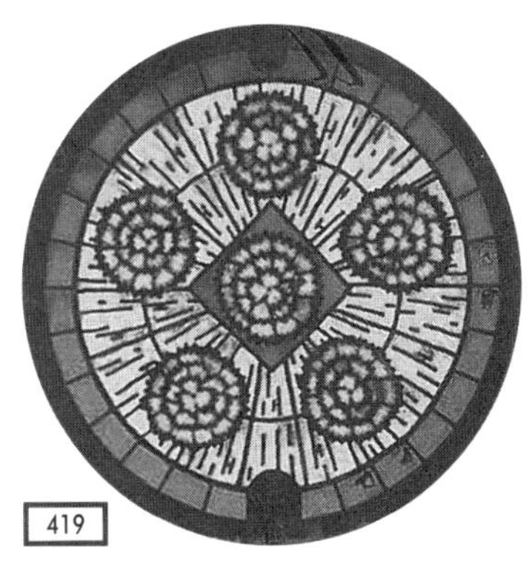
419

看不懂蓋上畫些什麼。「是花笠吧？」妻子問我。我這才明白圖畫的內容。

大江町位於山形縣中部，緊鄰寒河江市西面。我在山形車站正要搭乘左沢線，卻在站裡的觀光案內所找到一份大江町街頭漫遊指南，小冊裡面介紹了大江町的彩色人孔蓋。蓋上還寫著「最上川船歌的故鄉」等字，並畫了祭典中點燃的煙火，與最上川上的舊最上橋。據說「燈籠放流煙火大會」是縣內歷史最悠久的煙火大會。後來我在町內找了很久，最後終於在町公所的玄關前找到小冊裡那個彩色人孔蓋（照片420）。

420

上山市的人孔蓋上畫了一個造型幽默的稻草人（照片421）。「上山溫泉全國稻草人祭」可說是上山市秋季特有的活動。五百多個稻草人聚集在市民公園展

手持花笠邊走邊舞的「花笠祭」。

421

出，有些做成卡通人物造型，有些以演藝人員爲藍本，每個稻草人都各具特色，而這項活動也是上山市最具代表性的秋季祭典。上山市也是有名的溫泉街，市內的公共浴場很多，便於遊客在此輕鬆享受泡湯的樂趣。

◎ 福島縣

我在第一章介紹過福島市有個人孔蓋畫著「信夫三山破曉參拜」（p15）。照片422則是同屬福島縣的會津坂下町的人孔蓋。

422

當時我正好去參觀下水道展覽會，在會津坂下町的人孔展示區看到這塊人孔蓋。蓋上的圖畫主題是「坂下初市（新春開市）大俵引」。這項祭典在每年一月舉行，酷寒的大雪中，參賽青年全身只穿一條丁字褲，兩隊人馬競相搶拉一個長四公尺，高二・五公尺，重達五噸的巨型米袋。據說如果是上町（東方）選手獲勝，預示明年稻米價格會上漲，下町（西方）選手若是搶贏了，表示第二年稻作必然豐收。

稻草人為主角的「上山溫泉全國稻草人祭」。（山形縣廣報室提供）

關東地方的祭典

◉ 茨城縣

茨城縣石岡市的人孔蓋畫的是「常陸國總社宮例大祭」的「幌獅子」（照片423）。這項大祭的規格極高，排場極大，主要目的是為了祈求天下太平、國泰民安、五穀豐收，也是「關東三大祭」（其他兩項祭典是千葉縣香取市的「佐原大祭」、埼玉縣川越市的「川越祭」）之一。祭典的遊行隊伍中，除了特准裝飾天皇家菊紋的高規格神輿之外，還有豪華絢爛的山車，神情勇猛的幌獅子。所謂幌獅子，就是在裝上車輪的小屋周圍掛上布料（帷幕），車頭部分掛上獅子頭。遊行時，領隊者獨自套上獅子頭，一面配合樂隊的演奏舞蹈，一面緩步前進。這種利用小屋作成的幌獅子，日本全國都很罕見，可說是「石岡祭典」的特色。

古河市人孔蓋上的煙火大會（照片424）也是古河夏季的特有景象。這項祭典每年都在渡良瀨川與利根川交會的三國

橋附近河濱舉行，總共大約施放兩萬五千發煙火。不論從施放總數或煙火的尺寸來看，都堪稱是關東最大規模。

◉ 群馬縣

我在栃木縣沒找到「祭典人孔蓋」，所以下面直接跳到群馬縣吧。

高崎市的人孔蓋上畫的是「高崎祭」的山車和煙火（照片425）。高崎擁有的山車數目為全日本之冠，共有三十八台。二〇〇三年起，從前「高崎祭」當中的山車遊行部分，獨立組成「高崎山車祭」，改由三十八台山車輪流上陣，每年大約只出動半數參加遊行。在笛子和太鼓組成的樂隊伴奏聲中，山車行列緩慢滑過街頭。

◉ 埼玉縣

上尾市的人孔蓋上畫了幾隻正在協力奮勇拔河的動物

424

425

（照片426）。這幅圖畫的藍本是「中山道上尾拔河祭」，其中的動物包括鼠、牛、虎、兔等七種，都是十二干支裡的動物。這種創意設計難得一見，可惜上述祭典已於一九九一年停辦了。從一九九三年起，改由上平地區承傳上述祭典的精神，變成了每年舉辦「新春拔河大會」。

埼玉縣的秩父盆地四面環山，皆野町位於秩父盆地的一角，緊鄰長瀞町，荒川的清澈河水從町內流過。據說這裡就是民謠小調〈秩父音頭〉的發源地。每年八月十四日「秩父音頭祭」舉辦的歌舞競賽，縣內各地都派出許多團體共襄盛舉。人孔蓋圖案裡可以看到，町內的街頭掛滿燈籠，參賽人員穿著各隊的服裝列隊前進（照片427）。

◎千葉縣

我在千葉縣沒找到祭典人孔蓋，只在長南町看到一個畫著「風箏」的人孔蓋（照片428）。長南町的居民主要從事農

426

427

業，地理位置接近千葉縣中央。人孔蓋上畫了町花紅花，稻穗，還有一個印著町徽的袖形風箏。「長南袖形風箏」也叫「長南紙鳶」風箏，造型非常特別，其他的地方幾乎難得一見，據說最早是從工匠身上的棉布和服外套得到的靈感。這種叫做「半纏」的外套，通常在背後印上店徽，即是「印半纏」。說起紅花，我在本書第一章已介紹過（p14），紅花在關東也能種植，埼玉縣桶川市的人孔蓋也畫著紅花。

428

429

◉ 東京都

福生市位於東京都的西部，「福生」兩字表示「福氣自生」，真是個吉利的名字！不過，市內卻有美軍基地，以及屬於基地的橫田機場。「福生七夕祭」號稱關東三大七夕祭之一，其他兩項祭典是：神奈川縣平塚市的「湘南平塚七夕祭」、東京都杉並區的「阿佐谷七夕祭」。最近我到福生去的時候，看到車站前面有個畫著七夕故事的人孔蓋，上面還用平假名寫著「福生」二字（照片429）。

◉神奈川縣

平塚市的位置正好在神奈川縣海岸線的中央，從前曾是東海道的宿場町。我在市內找到一個人孔蓋，上面畫著「湘南平塚七夕祭」的景象（照片430）。這項活動最初是為了振興戰後商業才開始的，祭典的特色是祭典中的七夕裝飾做得十分豪華，據說豪華的程度堪稱日本第一，有的大型飾物甚至高達十公尺以上，還有些飾物是以流行事物為主題，譬如運動選手、受歡迎的動物、故事人物等，也可算是這項祭典的特徵之一吧。我找到的這個彩色人孔蓋，設置地點就在平塚市立體育館前方。

430

甲信越・北陸地方的祭典

◉山梨縣

山梨縣市川大門町（現已合併爲市川三鄉町）的人孔蓋上畫著兩扇打開的紙門，前方遠處的天空裡，煙火正在綻放（照片431）。市川大門町位於笛吹川與釜無川交會而成的富士川流域，也是製造煙火的產地。橫跨笛吹川的三郡橋的下游，每年八月七日都舉辦一場「神明煙火大會」，會中燃放兩萬多發煙火，據說是山梨縣規模最大的煙火大會。人孔蓋上畫著紙門的理由是，這裡自古就是棉紙的產地。

431

◉長野縣

諏訪市有山有湖，號稱「東洋的瑞士」，我在市內找一個彩色人孔蓋，上面畫的是氣勢雄

壯的「御柱祭」（照片432）。人孔蓋的設置地點位於諏訪湖流域的豐田污水最終處理廠門前。諏訪大社每隔七年就得進行一次寶殿重建，也就是說，每逢寅年和申年，神社境內的四隅必須更新日本冷杉木柱。所謂「御柱祭」，即是更換木柱的儀式。祭典中，剛從山上砍下的巨木憑藉人力推下陡坡，騎在木柱上的人員有時不但會被甩落，甚至還摔成重傷。上述那座處理廠負責處理的是諏訪湖周邊村鎮的污水，門前的地面還可以看到市內各村鎮的彩色人孔蓋。

照片433是我在別所溫泉站（長野縣上田市）看到的人孔蓋。當時我從上田車站搭乘上田電鐵的別所線，終點就是別所

長野縣諏訪地方舉行的「御柱祭」是諏訪大社最盛大的祭典。

433

溫泉站。蓋上的圖畫是「岳幟」與「篩舞」。「岳幟」是別所溫泉當地祈雨的祭典，已有五百多年的歷史。參加者將各種顏色的布疋繫在青竹上，組成彩色旗幟行列，緩緩穿過市街。在笛子與太鼓的音樂聲中，頭戴花笠的小女孩跳起「篩舞」，另外還有三隻舞獅配合演出的三頭獅子舞，都代表了信眾向神明奉上的獻禮。這項難得一見的祭典現已指定為國家無形民俗文化財。

◎ 新潟縣

新潟的中之島町（現已合併為長岡市）的人孔蓋上畫了一個巨型風箏（照片434）。中之島町位於新潟縣長岡市的北面，信濃川與刈谷田川之間。因為位處兩川之中，所以取名「中之島」。每年六月舉辦的「中之島・今町巨型風箏大賽」當中，參賽者聚集在見附市今町與刈谷田川之間的中之島地區，合力放起一個面積有八個榻榻米大小的巨型風箏。據說從前農民在

434

豆知識……有些人孔蓋加裝了AR（擴增實境）功能，只要利用智慧型手機的程式識別人孔蓋上的代碼，手機畫面就會映出介紹附近商店的影像或城市的觀光訊息。

修築水田的田壟之前，爲了凝聚團結氣氛，大家先聚集在一起放放風箏，這就是風箏大賽的起源。人孔蓋的邊緣還畫了很多「蓮藕」。中之島町的特產就是蓮藕，町花則是蓮花。而在刈谷田川對面的見附市，人孔蓋上同樣也畫著風箏（p159）。

◉富山縣

下面繼續介紹北陸地方。

富山縣中部的大門町（現已合併爲射水市）與高岡市分別位於庄川的兩岸，我在大門町發現一個人孔蓋，上面畫著「越中大門風箏祭」的達磨風箏（照片435）。這項祭典最初是爲了響應「國際兒童年」，祝願所有的孩童都能健康成長，而由大門町於一九七九年帶頭發起。據說每年到了五月，不僅日本國內的各式風箏都聚集到這裡來，還有很多國外風箏也爭相趕來共襄盛舉。在陽光照耀下的庄川河濱空地上，無數色彩鮮豔的風箏都在這兒競相飛舞。

435

東海地方的祭典

◉ 靜岡縣

伊東市位於伊豆半島東岸，是瀕臨相模灣的觀光、休養、溫泉都市。市內人孔蓋上畫的是「松川划木盆比賽」，也就是所謂的「木盆祭」（照片436）。這是一項非常獨特的競賽，參賽著坐在直徑約一公尺，深度約三十公分的大木盆裡，用一把木勺般的船槳一面划水，一面順著流過伊東溫泉中央地帶的松川往下游划去。路線爲「出湯橋~藤花廣場旁」之間，全程約四百公尺。選手當中也有很多外國觀光客，或化妝成各種故事角色的參賽者，不論對觀眾或選手來說，都是一場充滿歡樂的活動。

437

436

島田市的人孔蓋畫的是「島田大祭」（帶祭）（照片437）。這項祭典每隔三年（寅、巳、申、亥年）舉辦一次，由大井神社主辦，目的是爲信眾祈求安產。祭典的遊行隊伍中，二十五名頭戴丁髷假髮的「大奴」，身掛兩條和服腰帶，緩步走過街頭。由於全身的服飾重達二十公斤，就算步伐很慢地向前移動，也得耗費九牛二虎之力。旁邊還有一些頭戴平安烏帽，踏著舞步向前的舞者，他們正在表演「鹿島舞」。據說從前嫁到島田來的新娘，總要穿著新娘禮服到大井神社去參拜。據說這些全身嫁衣打扮的新娘在街頭公開亮相的活動，就是這項祭典的起源。

浜松市在「平成大合併」的熱潮時跟周邊城鎮合併，改制成爲「政令指定都市」。市內人孔蓋上畫的是「大風箏」（照片438）。同時還寫了「河川」兩字，所以這個人孔蓋應該不是都市下水道的人孔蓋。但我也看到另一個寫著「都市污水」的人孔蓋，上面的圖畫卻跟這個人孔蓋一樣。「浜松祭」也叫「風箏祭」，每年都在五月連休時舉行，會場設在遠州灣的海濱公園，主辦單位在會場舉辦「放風箏大賽」。不過那些高手競爭起來都很勇猛，粗達五釐米的風箏線

438

大井神社「島田大祭（帶祭）」主角「大奴」的銅像。

彼此纏繞，摩擦生熱，有些人甚至趁機將對手的風箏線燒斷，據說還有人表示，曾經看到風箏線摩擦冒出白煙呢。市內各町參賽的風箏設計都不一樣，有些圖案是利用町名的第一個字，或相關傳說設計而成。

◎岐阜縣

岐阜縣中津川市的人孔蓋上畫著市花的更紗滿天星，以及「OIDEN祭」裡的「風流舞」（照片439）。OIDEN是三河地方的方言，意思是「歡迎光臨」之意。「風流舞」原是安土桃山時代的舞蹈，因有後人在舊日的苗木藩某倉庫中發現一張圖畫，便根據畫中的舞姿，重新改編成為現代的風流舞，舞者背上背負旗幟，手裡敲著太鼓，舞動起來氣勢十分驚人。

439

◎愛知縣

本書第三章的一百一十二頁已介紹過一個岡崎市的人孔蓋，上面畫著岡崎城，現在要介紹的人孔蓋畫的是「岡崎城、櫻花、煙火」（照片440）。岡崎市從江戶時代起就是製造三河煙火

441

440

的大本營，岡崎城是賞櫻勝地，現已成爲岡崎公園，並獲選爲「日本的櫻花名所百選」之一。岡崎城的夜櫻之美，據說是東海地區之最，每年舉辦的「櫻花祭」遊行中，還有「家康隊伍」緩緩走過市街。每年八月的第一個星期六，乙川、矢作川的河畔還舉辦煙火大會，並演出「五萬石舞」，而這些活動都是岡崎市夏日祭典的一部分。

愛知縣安城市的人孔蓋畫的是「安城七夕祭」（照片441）。這項「市民發起的祭典」始於一九五四年，相關的企劃、開發等作業，全都由附近商店街居民一手包辦，路邊豎起無數竹子做成的飾物，裝飾道路的里程數稱霸全國，目前跟仙台、平塚並列「日本三大七夕祭」之一（但也有人將同縣的愛知縣

「卷藁船」的燈籠已被點亮。（愛知縣觀光協會）

442

443

一宮市「感謝祭一宮七夕祭」，跟前述二者並列爲三大七夕祭）。

津島市位於愛知縣西部，是津島神社的門前町。市內人孔蓋的右側畫的是市花藤花，左側則是「卷藁船」（照片442）。船上的小屋外裝飾了三百六十五個燈籠，船中央的眞柱也掛了十二個燈籠，船身在津島笛演奏聲中，緩慢地向前划行。「尾張津島天王祭」號稱日本三大川祭之一（另外兩項祭典是宮島的「管弦祭」，大阪的「天神祭」），已指定爲國家重要無形民俗文化財。

下面要介紹的創意人孔蓋，是我在名古屋市西北面的稻沢市發現的，圖畫裡的男人看起來好像正在打架（照片443）。稻沢市有一座尾張大國靈神社，也就是古時設在尾張國府的「國府宮神社」。每年舊曆一月十三日在此舉行一項典禮，叫做「國府宮裸祭」。參道上擠滿了數千名身穿丁字褲的男人，大家爭先恐後地往前衝，都想觸摸一下「神男」，藉此除去厄

大型的大提燈可長達十公尺。

運。我到稻沢市採訪的時候，剛好是在四月下旬，參道上正在舉辦「植木祭」。

愛知縣的一色町（現已納入西尾市）位於三河灣前，我在市內看到一個人孔蓋，上面畫的是町花康乃馨、町樹黑松，還有大提燈（照片444）。諏訪神社舉辦的「三河一色大提燈祭」，是為了祈禱航海平安，漁業豐收的祭典。據說最先只因篝火能夠震懾海中的妖魔，後來才演變為升起・個全長六至十公尺的大提燈。燈籠點亮之後，神社周圍的景色全都籠上一層橘色光輝。

444

近畿．中國地方的祭典

◉ 滋賀縣

豐鄉町位於滋賀縣的中央偏東，從前因爲出過很多近江商人而著名，町內的人孔蓋中央是町徽，周圍環繞的人影舞姿是「江州音頭扇舞」（照片445）。外面的一圈是町花杜鵑花，最外一圈是祭典用的提燈。江州音頭已有四百多年歷史，現在仍在民間廣泛傳唱，若是加入手勢與扇子、洋傘等道具，表演氣氛就顯得更加華麗、熱鬧。

◉ 兵庫縣

從前各縣的村鎮名稱都是按照「五十音順」排列，所以秋穗町（山口縣）從前在兵庫縣總是排名第一，可惜的是，秋穗町已於二〇〇五年十月合併爲山口市。所以縣內現在排名第一的地方，是西南部的相生市。市內人孔蓋上畫的是龍舟競賽，船上的選手都在奮力划槳（照片446）。這項「龍舟

445

446

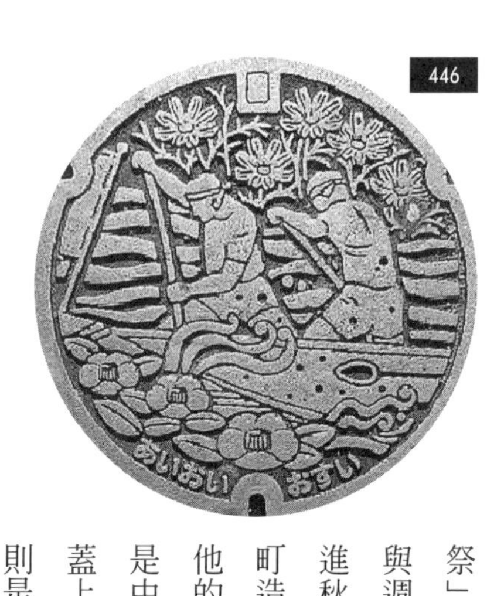

祭」每年都是在五月最後的週六與週日舉行，據說最先把龍舟引進秋穗町的，是江戶初期在相生町造船廠工作的一位員工，因爲他的老家在長崎。而龍舟最早就是由中國傳到長崎。照片的人孔蓋上方畫的是市花波斯菊，下方則是市樹山茶花。

相生市的夏季傳統活動「龍舟祭」。

◉ 岡山縣

我在第一章已介紹過鳥取縣鳥取市的「鳥取鏘鏘祭」（p38），還有山口縣山口市的「山口七夕燈籠祭」（p42）。現在再向各位介紹岡山縣的祭典吧。

說起與這項祭典關係緊密的「地車」，儘管全國最有名的地車，是在大阪的岸和田等地，但是岡山縣也有充滿粗獷氣息的祭典，名字叫做「岡山三大地車祭」。其中之一，就是縣北勝山盆地的久世町（現已合併爲眞庭市）所舉辦的「久世祭」（其他二者爲津山市的「津山祭」，倉敷市的「鴻八幡宮例大祭」）。「久世祭」分晝夜兩個部分進行，參與的民眾白天跟隨久世神社等五間神社的神輿進行遊行，參加者都踏著奇異的步伐，緩慢地走過街頭，等到天黑以後，一場「地車大戰」就開始了。十台地車彼此激烈衝撞，一爭長短。町內這個人孔蓋畫著一群年輕男子，人人都是充滿鬥志的感覺（照片447）。

447

四國・九州地方的祭典

◉ 愛媛縣

愛媛縣東北部的新居浜市，位於瀨戶內海的燧灘之前。這裡也是從前號稱日本三大銅山之一的別子銅山所在地。新居浜市的人孔蓋上的圖案是龍，以及「新居浜太鼓祭」太鼓台上的流蘇裝飾（照片448）。據說這項祭典始於平安時代，祭典中的山車也叫做太鼓台，台上用金銀絲線裝飾得絢爛豪華。後來因爲銅礦的規模日益發展，太鼓台的尺寸也越改越大，祭典進行

448

449

時，五十多輛太鼓台緩緩駛過市街，街頭全被太鼓的隆隆鼓聲籠罩。人孔蓋中央畫的是新居浜市的市徽（p153豆知識）。

◎鹿兒島縣

川內市（現已合併爲薩摩川內市）位於鹿兒島縣西北部，市內的人孔蓋上畫的是「川內大拔河」（照片449）。據說這項祭典最初始於關原之戰時，薩摩藩第十七代領主島津義弘爲了提高士氣，而舉辦的拔河活動。祭典使用的繩索全長三百六十五公尺，重達六噸，眞

「新居浜太鼓祭」的山車叫做「太鼓台」，裝飾得豪華絢爛，緩慢行過街頭。

是名符其實的「日本第一大繩」。競賽時，「拉扯組」與阻擾對方的「進攻組」齊聚在大繩的中央位置，彼此猛烈衝撞，那種激烈勇猛的對陣姿態充滿煙硝味。所以大繩又叫做「戰鬥繩」。

「川内大拔河」是已持續四百多年的傳統活動。（鹿兒島縣觀光聯盟提供）

鄉土傳統表演藝術

◉ 車人形

有些鄉土傳統表演藝術，雖然算不上祭典，卻也被畫在人孔蓋上。

譬如像東京都八王子市的人孔蓋，畫的就是傳統表演藝術「車人形」的場景，劇目是「三番叟」（照片450）。車人形是

450

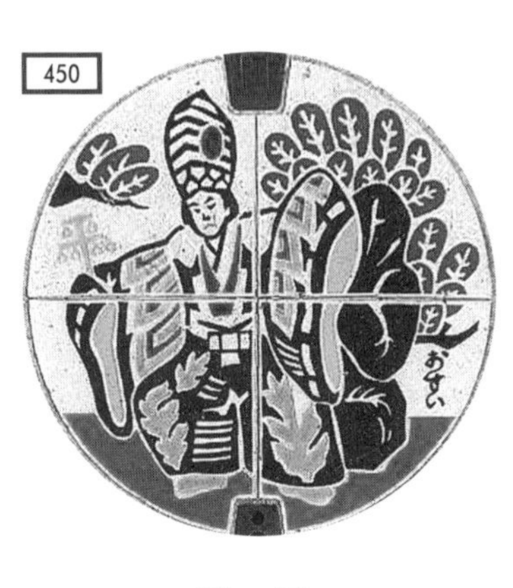

豆知識……大多數的人孔蓋中央都畫著城鎮鄉村的圖徽。各地的產業、歷史、文化、自然地理等，有時也變成當地的象徵，所以我們可從這類圖徽裡獲取大量訊息。

一種單人演出的偶劇，約在江戶末期發明。因為演出時，人形師坐在附有車輪的木箱上操縱，因而得名。明治到大正時代，車人形在東京市內一直很受歡迎，直到後來發明了電影，車人形才逐漸式微。但是多摩地方卻悄悄地繼承了這項鄉土表演藝術，據說最近以八王子為據點，車人形表演又有重新復活之勢。照片裡的彩色人孔蓋，是二〇一五年拍的，拍攝地點在東京唯一的縣道休息站，也就是「八王子滝山」休息站的停車場。

東京八王子市承傳的傳統藝術表演「車人形」。
（八王子市車人形西川古柳座提供）

451

◉ 泥鰍舞

照片451是島根縣安來市的人孔蓋。安來市位於島根縣的東端，中海的前方，也是民謠「安來節」的發源地。說起安來節，就不能不提那支伴隨著歌聲扭動身體的「泥鰍舞」。市內人孔蓋畫的就是泥鰍舞的舞姿，我發現這個人孔蓋時，簡直高興得快飛上天！畫面裡的泥鰍舞，充分表達出那種滑稽的感覺。不過這款泥鰍舞人孔蓋，我只找到彩色版。順便再向大家介紹一下，安來市是全國首屈一指的泥鰍養殖產地，市魚也是泥鰍。

◉能．歌舞伎

協和町（現已合併爲大仙市）鄰近秋田縣中部的秋田市，町內的人孔蓋上畫的是「能舞台」（照片452）。這座能舞台叫做「仙境唐松能樂殿」，也是縣內唯一的正式能舞台，當初模仿京都西本願寺的能舞台而建，現在每年都舉辦定期的能劇公演。人孔蓋上方畫的是町樹櫟樹（日本紅豆杉），下方畫的是町花龍膽草。

「安來節」的招牌。

452

奈義町位於岡山縣東北部的津山盆地東北邊緣，居民以農民爲主。我騎車進入奈義町後，看到稻田中央豎著一塊招牌，上面寫著：「橫仙歌舞伎之鄉」。「爲什麼這種地方會有歌舞伎？」我不禁納悶。後來又看到人孔蓋，上面畫的也是「歌舞伎」（照片453）。正中央有一張勾過的臉孔，周圍環繞著町樹銀杏，還有町花梅花。奈義町從江戶時代就持續演出農

453

454

村歌舞伎，直到現在，每年都還持續舉辦公演。

◎ 角兵衛獅子

月潟村是農村，位於新潟縣西蒲原郡東部（現已跟新潟市合併）。我騎車來到這裡，是在六月，村中到處都忙著準備祭典。到達村公所之後，看到門外垂掛的帷幕上寫著「角兵衛獅子祭」，門前還有一座角兵衛獅子銅像。後來我進去借用廁所，看到玄關旁邊有個裝飾用的彩色人孔蓋，上面的圖畫也是角兵衛獅子（照片454）。但可惜的是，我在路上卻沒看到人孔蓋。月潟村以種植「類產梨」

月潟村公所前的角兵衛獅子像。

奈義町承傳「橫仙歌舞伎」，這是公演的旗幟。

著名，人孔蓋上也畫了梨樹的原木。

有人告訴我，月潟村就是角兵衛獅子的發源地，但我後來在見附市的人孔蓋上也看到角兵衛獅子（照片455）。見附市位於新潟縣的中央地帶，也就是信濃川支流的刈谷田川下游。說起見附市，不能不提一下跟它隔著刈谷田川相望的中之島町（現已跟長岡市合併），這兩個地方合辦的「巨型風箏大賽」非常有名。中之島町的「風箏」人孔蓋，我在前面已經介紹過了（p143）。見附市的人孔蓋上也畫了一只大風箏。「越後今町壯年男，風箏大戰憑意氣……」就連民謠歌詞也在歌頌刈谷田川兩岸的風箏大賽呢。人孔蓋下方畫的是梅花，也是見附市的市樹。

455

◎太鼓

輪島市位於石川縣能登半島，我在市內看到三種人孔蓋。其中之一畫著「御陣乘太鼓」

豆知識……「市花」、「町花」等象徵各城鎮的代表花類，通常為了反映居民的意見，都是經由公開徵求或問卷方式選出，但有時只選一種無法滿足民意時，也可能選出第二或第三種花類。

456

（照片456）。御陣乘太鼓是輪島的傳統藝術表演，鼓手戴著鬼臉面具，一面猛烈轉動身體，一面狠敲猛打太鼓。我發現的這個彩色人孔蓋，是去早市的路上看到的，當時還看到另外兩個人孔蓋，一個畫著「輪島塗」漆器，另一個則畫著「早市」。

萬歲

我在一百四十八頁曾經介紹過愛知縣安城市的七夕人孔蓋，除了那款之外，還有一款人孔蓋畫的是「扇子與鼓」（照片457）。安城市是「三河萬歲」的發源地。所謂的「三河萬歲」是一種江戶時代開始流傳的傳統表演藝術，演出的角色分爲兩種，一種是頭戴烏帽子的「太夫」，另一種是手持小鼓的「才藏」，兩種角色互相配合，到民家門外表演滑稽的劇情，據說這也是現代漫才的原型。扇子與鼓是三河萬歲不可或缺的小道具。

457

◉ 笠懸・流鏑馬

笠懸町（現已合併爲綠市）位於群馬縣東南部，據說町名是因爲源賴朝曾在當地進行騎射三技*之一的「笠懸」而來（其他二技是「流鏑馬」和「犬追物」）。「笠懸」是指騎馬急奔的武士從馬上放箭射標，也是日本傳統的古弓馬術之一。町內人孔蓋上畫的就是笠懸（照片458）。每年九月下旬至十月中旬，町內到處都能看到一種比夏季向日葵更小一號的向日葵。而每年此時舉辦的「向日葵花田祭」儀式中，也能看到笠懸的武術表演。

458

毛呂山町位於埼玉縣中西部的秩父山地與入間台地之間。町內的消防栓上畫著町鳥綠繡眼、町樹香橙樹，以及「流鏑馬」（照片459）。町內的出雲伊波比神社因舉辦「流鏑馬」競賽而出名，神社大殿已被指定爲重要文化財，香橙是毛呂山町的特產，自來水止水閥蓋上畫的是香

459

＊**騎射三技**：「流鏑馬」是由武士騎馬在直線上奔馳，同時拔箭射向目標。而「笠懸」同樣也是騎馬射箭，但是目標是一頂斗笠。「犬追物」則把狗隻趕進馬場，武士策馬追趕，並把狗隻當作箭靶。鎌倉時代的武術重點即是訓練武士騎馬射箭，以上三種技藝都是當時鍛鍊的項目。

橙，町公所的牆壁上也有燈泡組成的香橙圖案。

◎鬥牛

宇和島市是愛媛縣西南的南予地方的中心城市，前方面臨豐後水道，幕府末期曾是號稱賢君的領主伊達宗城的城下町。這裡的鬥牛全國馳名，市內人孔蓋上畫的就是鬥牛場內的景象，兩隻雄壯的公牛正用牛角頂住對方，企圖一爭長短（照片460）。日本鬥牛的起源，據說最早起於鎌倉時代，農民爲了鍛鍊耕牛，使牠們更加強壯，所以就把牛群趕到原野，讓牠們彼此競鬥，農民也以此爲樂。這種鬥牛後來再三遭到禁止與限制，但終究演變成目前這種在圓頂室內鬥牛場舉行的定期鬥牛大會。照片的彩色人孔蓋是我在車站前商店街的入口處發現的。

JR宇和島車站前的鬥牛銅像。

460

鸕鷀捕魚

大洲市位於肱川中游的天洲盆地，是愛媛縣西部的中心城市，別號又叫伊予小京都。眾所周知，每年夏天都有鸕鷀在肱川捕魚，大洲市的人孔蓋上也畫著肱川的鸕鷀捕魚，還有市樹與市花的杜鵑花（照片461）。另一方面，大洲市也是電視劇《阿花小姐》（一九六六年播放的NHK晨間電視連續劇）拍攝外景的地方。電視劇播出後，觀光客逐日增多，譬如「阿花小姐大道」之類跟電視劇有關的場所，現在依然是觀光勝地。

461

肱川裡排列許多載客觀賞鸕鷀捕魚的屋形船。

5 各地的傳統工藝與地方產業

釀酒

有些人孔蓋圖案是以各地傳統工藝品或地方產業作爲主題。經常，我是看到這類人孔蓋之後，才第一次發現當地的傳統文化。人孔蓋眞的讓我學到了很多知識。下面就從我最喜歡的日本酒這個題目切入，來向大家介紹一下以日本酒爲主題的人孔蓋吧。

岩手縣中西部的石鳥谷町（現已跟花卷市合併），與花卷市的北面相接，這裡是南部杜氏的發源地，當然也是日本酒的產地，譬如像「南部關」、「七福神」等品牌，都是在這裡製造的。照片501的人孔蓋上畫的就是釀酒的情景，中央有個巨大的酒桶，環繞在周圍的圖案是蘋果和龍膽草。杜氏是釀造日本酒的職人團隊，南部杜氏的職人在冬季閒暇時，分別前往各地酒廠指導，賺取外快，南部杜氏因而名列日本三大杜氏（其他二者爲：越後、丹波）之一。町內還有一座介紹日本酒相關資料的傳承館。

501

兵庫縣西宮市最有名的地方就是甲子園球場，但我印象最深刻的，還是著名的「灘之酒藏」。上述兩者都被畫在市內人孔蓋上，空白處還畫了很多市花櫻花的花瓣（照片502）。我去西宮市採訪那天，先騎車從尼崎市出發，渡過武庫川，到達目的地時已是下午四點，這時我實在沒有心情繞到甲子園球場和白鹿紀念酒造博物館去參觀，只好繼續踩著踏板，向我預定住宿的神戶前進。都怪我太過悠閒，一路都在東瞧西看，忘了時間。結果好不容易到達西宮市，卻只拍到人孔蓋的照片。

在新潟、秋田之類產酒的地方，我並沒有看過以日本酒為主題的人孔蓋。或許日本酒在當地很普通了吧，連造酒的酒藏都沒能變成「當地」的象徵。

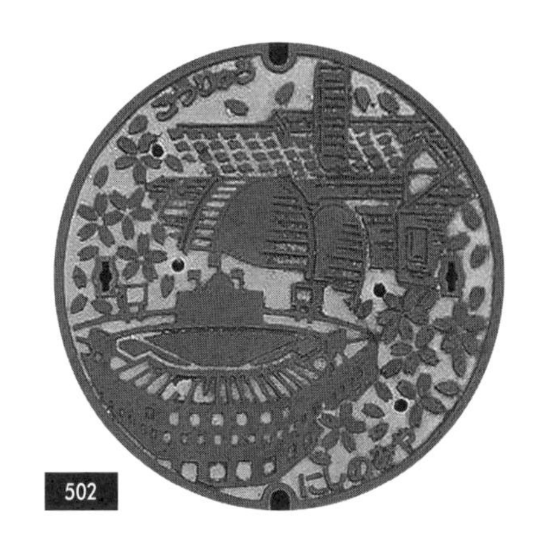

502

陶瓷器

◉ 益子燒

全國各地都能看到畫著陶瓷器的人孔蓋。理由或許是因為陶瓷器比較容易繪成圖案吧。

益子町位於栃木縣東南部，以生產「益子燒」陶器著名。照片503的人孔蓋畫了益子燒，還有町花山百合。據說江戶末期的大塚啓三郎到笠間修習燒製陶器之後，建立益子燒的窯爐。我在益子町看到的第二個人孔蓋，上面畫著益子燒陶器、山百合，還有松樹與日本樹鶯（照片504）。第一個人孔蓋以陶器爲重點，第二個則以町花、町樹、町鳥爲主。益子町每年春秋兩季都舉辦陶器市集，商品包羅萬象，從傳統的益子燒陶器，到杯盤之類的日用品、美術品等，種類非常豐富。

◉ 切込燒

宮城縣西北部的加美郡宮崎町（現已合併爲加美町）號稱「陶藝之鄉」。江戶晚期至明治初期，田川上游的切込地區開始生產一種叫做「切込燒」的陶瓷器，其中大部分是白底藍花的青花瓷，另外也包含一些色彩鮮豔的二彩釉·三彩

503

504

釉作品，這些使用土耳其藍、紫、白等三色構成的「東北陶瓷之精華」，深受大眾喜愛與珍視。照片505的人孔蓋上畫著荻花和一個切込燒花瓶。花瓶上的圖案是荻花、赤松和雉雞，都是宮崎町從前的町花、町樹和町鳥。

505

◉九谷燒

照片506是石川縣寺井町（現已跟能美市合併）的人孔蓋，寺井町位於縣內南部的手取川下游南岸。我是看到這幅圖畫後，才知道寺井町就是「九谷燒」發源地。畫中的獅子、花瓶等，飄逸出彩釉陶瓷九谷燒的氣息，旁邊還畫著町花杜鵑花。從人孔蓋邊緣的圖案看來，似乎是表現整片人孔蓋就是一個九谷燒大盤。寺井町每年都會舉辦

506

豆知識……一九九九年（平成十一年）三月底之前，日本全國共有三千兩百三十二個地方政府，但是在「平成大合併」的推動下，到了二〇〇六年（平成十八年）四月，日本全國的地方政府已減少到一千八百二十個。合併後的地方政府各自採行不同的方針，有些地方政府保留原來的圖案，有些決定重新設計新圖畫。

507

固定的促銷活動，譬如黃金週假期中的「九谷茶碗祭」，秋季的「九谷陶藝村祭」等。

◉ 洗馬燒

照片507是長野縣鹽尻市的農業集落排水道（簡稱「農集排」）的人孔蓋。集落即村落之意。蓋上除了「本洗馬農集排」等字，還畫著奈良井川的香魚，和「洗馬燒」瓷罐。搭乘中央西線從鹽尻出發，第二站就是洗馬站，這裡也是從前中山道上驛站集中的宿場（類似現代的休息站）。過去這裡叫做洗馬村，一九六一年由村升格，改制爲鹽尻市。

◉ 美濃燒

多治見市位於岐阜縣中南部，庄內川上游的土岐川沿岸，是以美濃燒著稱的窯爐業城市。我在市內發現一個人孔蓋，上面畫了美濃燒的酒瓶和酒杯，市花桔梗，還有象徵土岐川的流

508

509

水圖案（照片508）。這個彩色人孔蓋的設置地點在市內的商店街上。市內到處都能看到歷史悠久的窯爐，還有跟陶瓷有關的美術館、資料館、藝廊等。美濃燒採取前所未有的自由創造形式燒製而成，最早出現在桃山時代，所以也叫做「美濃桃山陶」，其中又以武將兼茶人古田織部精心設計獨具「織部特色」的作品最爲有名。

土岐車站前的美濃燒陶器。

土岐市位於岐阜縣南部，跟多治見市同樣都是土岐川沿岸的美濃燒產地。土岐市不僅是日本最大的陶瓷產地，同時也是織部燒的發源地。照片509的人孔蓋也畫著美濃燒瓷器，還有市花桔梗。另一方面，土岐市也是日本最大的「丼碗」產地，市內的肥田町還建了一座「丼碗型」的縣道休息站「丼碗會館」，館內有美濃燒的特產直銷商店、展示區、燒陶教室等兼具娛樂功能的設施。

豆知識……災害時組裝的臨時廁所直接將污物排進下水道，這類廁所被稱為「災害用人孔廁所」。目前國內正在積極進行裝置，以期將來災害發生時，任何人都能使用這種不需汲取糞尿的廁所。通常這類人孔蓋上都印著「災害用」或「廁所」等字當作標誌。

◉備前燒

岡山縣東南部的備前市是「備前燒的故里」。照片510的人孔蓋上畫的是天津神社裡的備前燒狛犬，獸眼充滿魄力，炯炯有神地瞪著觀眾。備前是日本代表性的六大古窯之一，其他五窯是：瀨戶、常滑、丹波、信樂、越前。備前燒的特徵是：不上釉，不彩繪，採用「氧化燒成」方式燒製。因此陶器具備堅硬又緊密的質感，而「窯變」則令陶器產生獨一無二的花紋與色澤。天津神社位於備前市的伊部，神社境內除了參道上的狛犬之外，隨處都能看到備前燒陶器。後來我登上一座小山丘，從那裡眺望市街，看到市內到處都是紅磚堆砌的窯爐煙囪。

天津神社裡的備前燒狛犬。

◉鬼瓦

瓦片也是陶器，愛知縣中部的高浜市是「瓦片」產地，當地出產一種優質黏土，可用來製造「三州瓦」，高浜市則是「三州瓦」的生產中心。照片511的人孔蓋上畫了屋瓦，另外還有鬼瓦和市花菊

花。「瓦街」的代表產物鬼瓦，是一種安置在屋脊前端的裝飾瓦，具有遮雨與辟邪的功能。製作鬼瓦的職人叫做「鬼師」，他們不僅技藝高超，還能活用技巧，製作鬼瓦之外的瓦飾、留蓋（神社或寺廟的屋頂四隅各有一塊半球形屋瓦，上面還有裝飾物）等，據說有些鬼師連佛像都會做。市內有一座全國唯一以瓦片爲主題的「高浜市陶瓷之鄉——瓦片美術館」。

群馬縣南部的藤岡市，也把「鬼瓦」畫在人孔蓋上，此外，還畫了市花藤花（照片512）。藤岡的瓦片產量很多，而且歷史悠久，據說製瓦業可追溯到西元五三八年，跟佛教從百濟傳來有關。鬼瓦至今仍然採用從前的手雕方式，製作鬼瓦的職人必須具備卓越技巧，群馬縣已將鬼瓦選爲「故

高浜市政府門外的「瓦片」裝飾。

鄉傳統工藝品」。藤岡車站的正面就掛著一塊鬼瓦，看起來非常嚇人。

紡織品

◉ 紡紗

下面介紹一些以紡織品製作過程爲主題的人孔蓋，首先就從「原料」開始吧。

山梨縣豐富村（現已合併爲中央市）位於甲府盆地南側，我在縣道「豐臣休息站」發現了一個人孔蓋（照片513）。蓋上寫著「絲綢之鄉」，還有桑葉、蠶繭和蠶組成的圖案。據說豐富村從前是日本蠶繭產量最多的地方，養蠶的農家超過五百家。由於附近多爲丘陵地帶，桑田面積極廣，自古就很盛行養蠶，現在這裡建了一座「豐富絲綢之鄉公園」，園裡設有鄉土資料館，還有溫泉設施。

513

八尾市緊臨大阪市東邊，市內的人孔蓋上畫著昔日紡紗的模樣，周圍的花紋則是市花菊花（照片514）。紡車下方還可以看到兩個紡完的線軸。八尾的環境適宜栽培木棉，是全國少有

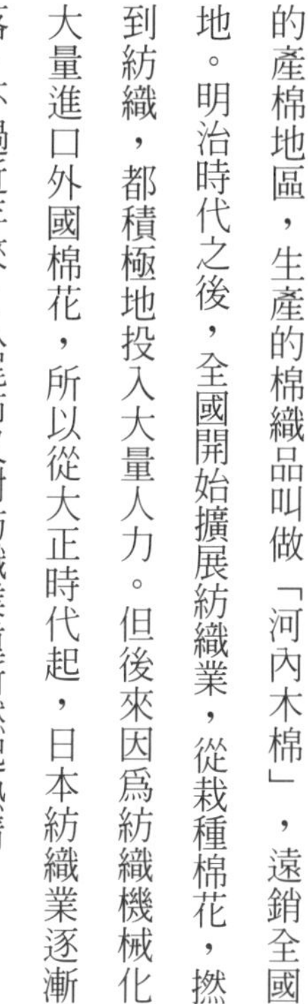
的產棉地區，生產的棉織品叫做「河內木棉」，遠銷全國各地。明治時代之後，全國開始擴展紡織業，從栽種棉花，撚線到紡織，都積極地投入大量人力。但後來因爲紡織機械化，大量進口外國棉花，所以從大正時代起，日本紡織業逐漸沒落。不過近年來，八尾市又對紡織業重新燃起熱情。

◉ 機織

我在大阪府泉大津市找到兩款人孔蓋。照片515畫的是一對綿羊母子，照片516畫的是機織的模樣。也就是說，這兩幅人孔蓋圖案，一幅畫的是「原料」，另一幅畫的是「紡織」。泉大津盛產毛織品，尤其是毛毯的產

515

516

514

量特多，一八八五年，日本的第一塊毛毯就是在這裡製造出來。據說國內生產的毛毯當中，百分之九十八都產自泉大津。這裡既是「合泉木棉」的產地，「紡織、編織」也逐漸成爲重要產業。市內有一座「織編館」，詳細介紹了泉大津的傳統產業。

「桐生織」的織絹機。

群馬縣東部的桐生市是一座生產絲織品的城市，市內人孔蓋上畫著整匹絲綢，還有織布機的齒輪（照片517）。圍繞在四周的是市花一串紅。桐生從奈良時代起就是有名的絲織品產地，「桐生織」跟京都・西陣的西陣織同樣有名，市內有一座「桐生織物紀念館」，向大眾介紹桐生紡織業日趨繁盛的故事。這座建築現已指定爲國家有形文化財。

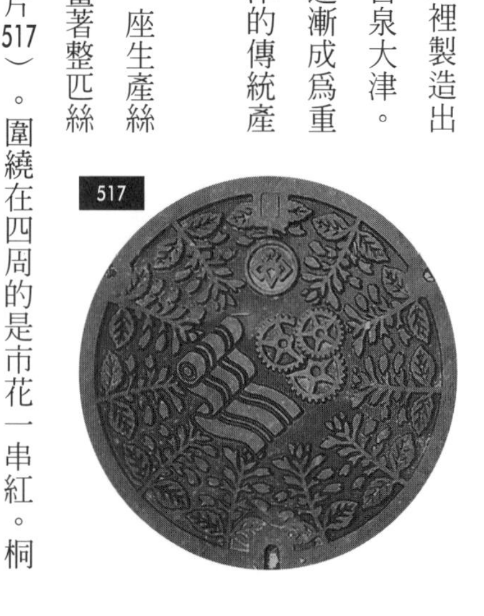
517

◉ 漂洗

愛知縣西北部的岩倉市是名古屋的市郊住宅區，市內的人孔蓋上畫著櫻花，還有五条川裡漂洗鯉魚旗的情景（照片518）。五条川沿岸的櫻花路樹十分有名，已入選爲「日本櫻花名所百選」之一。市內有一家號稱已有四百年歷史的旗幟店，始終堅守歷史與傳統，至今仍然採用古法製作。鯉魚旗染色時必須塗上糊料，等到染色步驟完成後，放進河中漂洗，這個步驟叫做「洗旗糊」。現在這項活動已經成爲五条川初春特有的景色。

◉ 布匹

照片519的人孔蓋是我在福岡縣久留米市發現的。蓋上畫著整匹的久留米絣，還有市花的粉紅色久留米杜鵑花。久留米絣是江戶時代久留米藩的特產，據說最早是由井上伝設計發明的，現已指定爲國家重要無形文化財、傳統工藝品。「絣」是一種先染後織的織布技法，最先發明絣紋織機的人叫做田中久重，因爲他擅長製作機關人偶，大家便以他的小名給他取了外號「機關人偶儀右衛門」。田中久重跟井上伝是同鄉，也是後來東芝公司的創始人。或許因爲當地這種

518

519

「創造」風氣極盛，因此才促成了久留米的工業發展。

照片520是沖繩縣市久米島東部仲里村（現已跟具志川村合併為久米島町）的人孔蓋，上面畫著町徽與久米島紬（綢的本字）組成的圖案。沖繩的甘蔗種植業與潛水運動早已聲名遠播，國家重要無形文化財「久米島紬」更是馳名全國。傳統製法可追溯到琉球王國時代，製作過程中，從選定花紋、染色，到紡織等工序，全都由一位職人獨自操作。照片的人孔蓋上畫的是織滿了燕子圖紋的紬布。

照片521是新潟縣中部五權市的人孔蓋，我覺得蓋上的圖畫很有意思。畫中有一件掛在衣架上的和服，上面畫著松竹和菱形花紋。五泉市自古盛產布匹，江戶中期開始生產著名的和服長褲布料「五泉平」。這種布料的染色過程別具特色，必須利用特殊技術，將天然染料的紅、褐、黑等色分別進行著色，使成品看來更加美麗。

520

521

◉ 小販

日野町位於滋賀縣中東部，日野川的上游，是近江商人的老家。照片522的人孔蓋上畫著日野小販、町花本石楠花、綿向山、日野川。畫中小販挑著狀似天秤的扁擔，四處兜售。日野町自古盛產絲織品，製藥業也很發達。爲了推銷這些特產，當地居民便擔起扁擔，將和服、藥品、漆器等挑往京都之類消費量較大的地區叫賣。這些商人最先只有一根叫做「天秤棒」的扁擔，等到做生意賺錢之後，即使財富累積到千兩黃金，他們仍然背著天秤棒到處找顧客，所以大家都稱呼他們是「近江的千兩天秤」。

522

和紙

◉ 抄紙

山梨縣中富町（現已合併爲身延町）位於全縣的西南部，富士川的西岸，町內的人孔蓋上畫的是合併前的町花繡球花，還有製作和紙過程中的抄紙景象（照片523）。手抄「西島和紙」

523

的歷史可追溯到戰國時代，特徵是在主原料裡混入具有光澤的植物「結香」，紙張表面光潤閃亮。另一種產品是書畫專用的「畫仙紙」，材料當中混入古代的廢紙和稻草，寫起字來渲染效果極佳，墨色清晰，深受書法界人士熱愛。

埼玉縣中西部的小川町位於秩父山東麓，可惜我在町內並沒找到下水道人孔蓋，只發現一個有點特別的消防栓（照片524）。人孔蓋上畫了一個含笑抄紙的女性。小川町號稱「和紙之鄉」，已有一千三百年的造紙歷史，跟土佐、美濃並列日本代表性的和紙產地。尤其是只用楮樹製作「細川紙」的技術，已被國家指定爲「重要無形文化財」，並於二〇一四年被聯合國教科文組織列入無形文化遺產的名單。「細川紙」是一種傳統的手抄和紙，由於採用從未染色的純楮樹製成，紙張的韌性特強，色澤十分樸素，卻又隱含鮮亮光澤。

524

◉紙鶴

愛媛縣川之江市（現已合併爲四國中央市）位於全縣東端的燧灘前方，是一座紙業都市，因有金生川的伏流水，製紙業、紙類加工業非常發達，甚至還有人戲稱，川之江市不能製造的，只有「鈔票和郵票」。目前，川之江是全國紙類製品出貨量最多的都市，也是眾所周知的「紙街」。照片525的人孔蓋上畫了很多紙鶴，並寫著「四國川之江 紙街」等字。

照片526是三重縣桑名市的人孔蓋，上面也畫著「紙鶴」。事實上，桑名的傳統千羽鶴摺法，是用一張紙連續摺出無數相連的紙鶴。據說這種摺法始於江戶時代，由長圓寺的住持魯縞庵義道發明的，摺疊之前，先在紙上剪幾刀，就可連續摺出至少兩隻，至多九十七隻紙鶴。這種摺法叫做「桑名千羽鶴」，現已被指定爲桑名市無形文化財。

526

525

園藝樹木・盆栽

香川縣國分寺町（現已跟高松市合併）位於全縣的中央地帶。古時讚岐國的國分寺建在這裡，今天這裡的國分寺則是四國八十八靈場當中的第八十個朝聖地。照片527的人孔蓋畫的是盆栽松樹與從前的町花杜鵑花。國分寺町是全國首屈一指的盆栽產地，也是錦松的發源地。明治初期，末澤喜一翁從山上採回錦松，將樹苗成功地移植爲盆栽，爲鄉里開展了錦松盆栽業。據說香山縣的盆栽松樹產量爲全國第一，其中半數出自國分寺町一百一十家農民之手。町內的道路兩旁，隨處可見販賣園藝樹苗與盆栽的商店。我還找到另一款圖案相同的人孔蓋，只是原本的町徽已被消去，並把合併後的「高松市」寫上去。

埼玉縣東南部的大宮市（現已合併爲埼玉市）的人孔蓋上也畫著「盆栽松」（照片528）。大宮市的地名，據說來自從前的舊地名「武藏一之宮冰川神社」。冰川神社的北邊，現在有個「盆栽村」，居民原本都是東京駒込、巢鴨、本鄉等地的盆

527

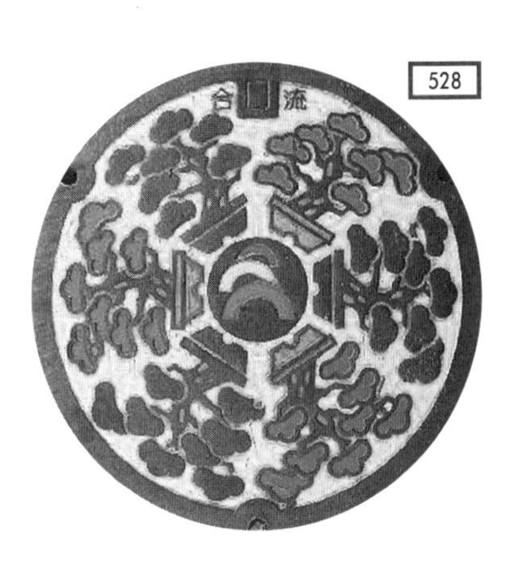

栽業者，關東大地震之後，這些居民集體移居到此，因而形成「盆栽村」。這裡可說是日本數一數二的盆栽都市，每天都有無數觀光客從國內外前來參觀。

名古屋市西北邊的稲沢市，是全國有名的園藝樹木與樹苗的產地。這裡經營園藝的歷史可追溯到鎌倉時代，最先是因爲柏庵和尚從中國學得柑橘類接枝法，並將技術傳授給這裡的農民。照片529的人孔蓋上畫的是立寒椿，也是稲沢市栽培出來的代表性新種山茶花。稲沢市自古就是園藝樹木的四大產地（其他三地是埼玉縣川口市、大阪府池田市、福岡縣久留米市）之一，每年定期舉辦市集，吸引全國各地的園藝業者前來見習。

埼玉市JR土呂車站前的巨型盆栽。

觀賞用金魚

新潟縣小千谷市是位於縣中央的商業都市，市內的人孔蓋上畫的是錦鯉（照片530）。據說錦鯉最早是在江戶時代的文化、文政年間被人發現。起因是在食用鯉魚當中，突然出現了有色的「變種鯉魚」。之後，小千谷的居民不斷研究改良，終於把食用鯉魚培養成號稱「游動寶石」的美麗觀賞魚。小千谷市目前仍然盛行養殖金魚，並深受西歐、亞洲等國的矚目。我總覺得，既然像盆栽、錦鯉之類的日本文化，都能深獲海外人士的熱愛，眞希望「創意人孔蓋」也同樣能在全世界廣受歡迎啊。

兵庫縣養父町（現已合併爲養父市）的人孔蓋上畫著圓山川與鯉魚（照片531）。養父町不僅是「但馬牛」的產地，同時也盛行養殖食用黑鯉和錦鯉。由於圓山川流過市內，養殖戶便把河水引進院裡的池塘，將鯉魚養在池中，稱爲「圈養鯉魚」。街頭散

530

531

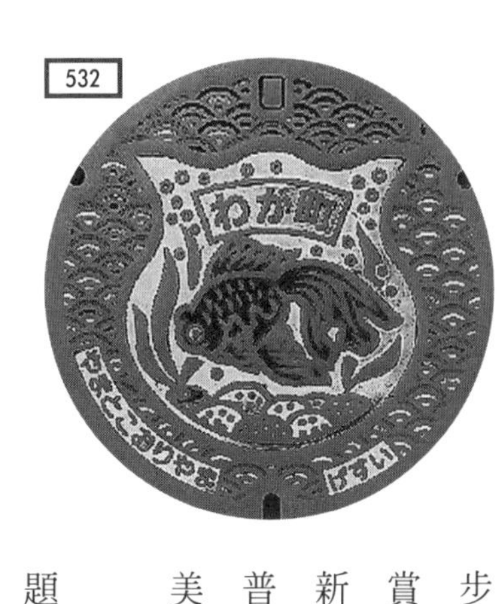

532

步指南的資料裡也介紹了一些「觀賞池」，遊客可以近距離欣賞到色彩鮮豔的錦鯉。二〇〇〇年的春季，養父町培養出一種新品種「長鰭錦鯉」。這種錦鯉的尾鰭和背鰭特別長，幾乎是普通錦鯉的兩倍，看起來就像穿著長禮服的女星，婀娜多姿，美豔無比。

金魚的體型雖然比錦鯉小，但有些人孔蓋卻以金魚爲主題。奈良縣大和郡山市是戰國武將筒井順慶建立居城的地方，後來落入豐臣秀長之手，才逐漸繁榮起來。今天的大和郡山市以養殖「郡山金魚」著名，產量幾乎佔據全國金魚市場的一半，跟山形縣的「庄內金魚」平分秋色，每年金魚產量約有六千萬隻。市內人孔蓋上畫的是「魚缸裡的金魚」（照片532）。養殖金魚是始於江戶時代的休閒活動，原本只是武士打發時間，賺取外快的副業，現已發展爲全市到處都是養殖池。一九九五年，大和郡山市曾舉辦過一次「全國撈金魚選手大賽」，據說日本各地都有人報名參加呢。

金屬工藝品

新潟縣三条市位於縣中央的加茂市與燕市之間，是一座工商業都市。照片533的人孔蓋上畫了鉗子與扳手之類的工具。三条的鍛冶業（即金屬加工業）歷史可追溯到三百九十年前的寬永年間，當時因水災與天災造成巨大損失，地方政府從江戶請來了專門打造釘子的「釘鍛冶職人」，教導三条的農民學習製造和釘的技術，並鼓勵大家把這種技術當成副業。「三条鍛冶」的傳統一直延續至今，譬如我家就有一把三条製的「修剪鋸」，我很喜歡用它修剪庭院的樹木。

533

兵庫縣三木市位於全縣的南部，是六甲山脈西北麓的工業都市，也是全國首屈一指的「五金市街」。照片534的人孔蓋上的幾何圖案，就是利用鋸子、鑿子等工具組合而成。傳統三木

534

五金道具中的鋸、鑿、鉋、鏝、小刀等合稱爲「播州三木打刃物」，現已被經濟產業大臣指定爲傳統工藝品。市內還有跟五金道具有關的「金物資料館」、「金物神社」。

535

照片535是島根縣東出雲町（現已合併爲松江市）的人孔蓋。東出雲町位於東部的中海南岸，人孔蓋上畫著町花的杜鵑花，以及町樹柿子樹上的果實。畑地區從江戶時代起就是著名的「柿乾之鄉」，人孔蓋上畫的似乎也是柿乾。爲什麼我在這裡介紹這個人孔蓋呢？因爲，仔細觀察的話，可以看到這幅圖畫是以四個齒輪設計而成。而町內中心地帶的揖屋地區盛行製造農機工具，人孔蓋上的「齒輪」就是這個行業的象徵。以上是我個人的觀察所得，可不是從觀光指南抄來的情報喔。

新潟縣中東部的与板町（現已合併爲長岡市）位於信濃川西岸，町內的人孔蓋圖案看起來很像是幾何圖案，但事實上，這只是祭典中的屋台車輪（照片536）。屋台又叫山車或藝閣。每年八月十五中秋節前後，与板町舉辦的「与板十五夜祭」，

536

也是与板町總鎮守「都野神社」的秋季例行大祭。祭典中最精彩的部分是「萬燈登屋台」，三輛屋台隨著樂隊伴奏，順序拖上屋台坂，大約兩百名參加者齊聲唱和，使出渾身的力氣，把屋台拖進神社境內。我想，也只有在製造刀剪利器、五金工藝品的地方，才會把登屋台的大車輪畫在人孔蓋上吧。

富山縣城端町（現已合併爲南砺市）位於縣內西南部砺波平原的南端。町內的人孔蓋上畫著町花水芭蕉，周圍一圈是町樹越之彼岸櫻，最外面一圈畫的是車輪（照片537）。每年五月舉辦的「城端曳山祭」遊行隊伍裡，都有很多華麗絢爛的山車，曳山即是山車的別稱，這個人孔蓋最外面一圈的圖案就是山車的車輪。或許從這個人孔蓋上看不出來，但實際上，曳山是一種非常奢華的工藝品，整座車體不但塗滿了色彩鮮豔的油漆，同時還有各種雕金裝飾。另外值得一提的景點，是城端町的名勝「曳山水車」，六輛水車並排相連，全都是模仿山車的車輪製成，既好看又有趣。

537

「水車之里」模仿曳山的車輪製作的水車。

木材工藝品

人孔蓋的圖案眞的是千種百樣，多采多姿。有時，我還是因爲看到這些圖畫，才第一次發現，啊！原來這個町生產這玩意啊！

山形縣天童市的面積佔據了山形盆地東半部，市內人孔蓋上畫的是象棋的棋子和紅葉（照片538）。我拍照的時候，人孔蓋被雨淋濕了，所以看不清棋子的模樣，但我後來又看到自來水的止水閥蓋也畫著相同的棋子，一個是「王將」，一個是「左馬」，而且都是彩色的（照片539）。

538

天童市的象棋產量佔全國九成以上。這項產業的起源是在幕府末期，當時舊織田家的

539

豆知識……人孔蓋的造型設計偶爾也向大眾公開徵求，但大多數情況下，都是由製作工廠負責設計，然後再由各地行政單位負責選定。

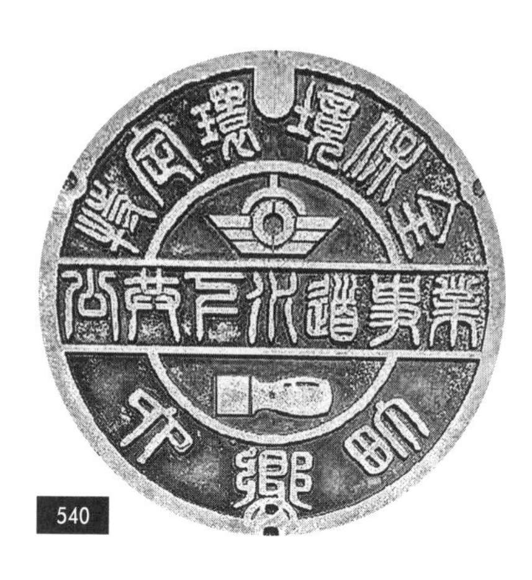

家臣吉田大八爲了改善藩內的經濟，鼓勵百姓從事副業，製做象棋賺取外快。像我這種「下一手爛棋」的人，如果用天童的棋子下棋，說不定成績就會變好一些吧。

山梨縣南部的富士川沿岸有一座山村，叫做六鄉町（現已跟市川三鄉町合併），町內的人孔蓋上用篆字寫著：「特定環境保全公共下水道事業」（照片540）。中央上方畫著從前的町徽，下方則是六鄉町的標誌「印章」。六鄉町號稱「全日本最大的印章之鄉」。町內的印章資料館裡陳列著武田信玄的旗印「不動如山」，旗印就是軍旗用來印刷文字或圖紋的印章，館內除了上述號稱「日本最大印章」的旗印外，還保存了大量與印章有關的珍貴資料。如果仔細打量這張照片，不知各位能否看出，這個人孔蓋的整體構圖就是「印章的刻字面」。

六鄉町技術最佳的職人一起製作的巨型印章。

島根縣橫田町（現已合併爲奧出雲町）位於全縣東南部的斐伊川上游，也就是鳥取與廣島兩縣的交界處。奧出雲是出雲神話的發源地，日本古籍《古事記》、《日本書紀》都提到跟奧出雲有關的傳說，譬如斬殺八岐大蛇、素戔嗚尊降生等。橫田町的製鐵事業歷史悠久，不僅從事開採鐵砂，還以「吹踏鞴」法製鐵。直到現在，當地的業者仍然仿效古法製作日本刀。鐵穴流（江戶時代在此進行的大規模鐵砂採取方法）爲當地造就了許多富含礦物質的良田，所以橫田町也是酒和米的產地。我原是爲了製作蛇年的賀年卡，才跑到橫田町來，因爲我想找到那個八岐大蛇的人孔蓋，爲它拍照留念。照片541就是那個人孔蓋，只是傳說中的形象使得那條「蛇」更像是「龍」。圖畫背景的六角形圖案，則是從「算盤珠子」得到的靈感。因爲橫田町也是「雲州算盤」的產地，「雲州算盤」已被指定爲國家傳統工藝品。

542

541

滋賀縣安曇川町（現已合併爲高島市）位於全縣的西北部，琵琶湖西岸的安曇川下游。町內的人孔蓋上畫了很多扇子（照片542）。因爲安曇川沿岸的竹林出產質地優良的竹子，所以安曇川町也是有名的「扇骨」產地。所謂「扇骨」，名符其實就是扇子的骨骼，是爲了支撐紙製或布製的扇面，用竹子或木材製成的部分。安曇川町製造扇骨已有三百年以上的歷史與傳統，產量佔全國九成。扇骨以往都送往京都，做成「京扇子」出售，但最近安曇川町也開始生產本地的扇子，叫做「近江扇子」。

我從奈良縣南部的下市口站搭乘近鐵吉野線，渡過吉野川之後，立刻抵達下市町。町內的人孔蓋上畫了很多花，四周圍繞一圈松葉狀圖案。但事實上，那並不是松葉，而是免洗筷（照片543）。眾所周知，下市町是免洗筷的發源地，町樹杉樹的零星廢料都被製成了免洗筷。人孔蓋上的花朵是町花太陽花，不過用太陽花做主題的人孔蓋，倒是非常稀奇。

543

人偶

現代的傳統工藝品當中，有些最初只是鄉土玩具，譬如像木芥子娃娃就是其中之一。

青森縣黑石市以產黑石米和津輕蘋果馳名，面積橫跨全縣中部的津輕平原東部，直至八甲田山的西部。市內的人孔蓋上畫的是木芥子娃娃、蘋果和稻穗（照片544）。或許人孔蓋的圖畫不夠明顯，大家看不出木芥子娃娃的胸部呈圓球狀，但據說這種造型正是黑石木芥子娃娃的特徵。黑石市的蘋果是從美國引進的品種。一八七五年，青森縣收到政府頒發的三棵美國蘋果樹苗，自此展開了青森的蘋果種植業。發現這個人孔蓋的時候，我剛剛到達黑石市，突然天降大雨，我只好躲在黑石車站前面避雨，這個人孔蓋就是那時看到的。

544

豆知識……人孔蓋通常都設置在地面，如果人孔蓋圖案的主題跟神社、寺廟、教會有關，一般人都傾向於避開，因為大家都「不想踩上去」或「不想讓它被踩」。

545

宮城縣西北部有很多溫泉街，其中包括鳴子町（現已合併爲大崎市）的「鳴子溫泉鄉」。町內的人孔蓋上畫著木芥子娃娃，還寫著「溫泉與木芥子之鄉——鳴子」等字（照片545）。這裡共有五處各具特色的溫泉地：中山溫泉、鳴子溫泉、東鳴子溫泉、川渡溫泉、鬼首溫泉。據說日本全國的溫泉共分十一種泉質，鳴子溫泉鄉具備了其中的九種。後來在我前往鳴子峽的路上，我在木芥子館裡看到了「木芥子雛祭娃娃」。鳴子木芥子的特徵是：大頭、具有安定感的身體，腰身部分比較細，身上畫著菊花的花紋。鳴子車站前面有足浴場，可以享受溫泉的樂趣，只是水溫眞的很燙。

黑石的木芥子娃娃。

鄉土玩具

照片546是青森縣八戶市的自來水止水閥蓋。因爲直徑只有約二十公分，所以也叫做「手孔蓋」（p73豆知識）。蓋板上畫的是「八幡馬」。這種鄉土玩具流傳於八戶爲中心的南部地方，主要爲了表現新娘出嫁時的坐騎打扮。八幡馬的外型十分亮麗，胸部與腹部的曲線優美，與福島縣的三春駒、宮城縣的木下駒並稱「日本三駒」。除了八幡馬之外，市內止水閥蓋的圖畫主題還有「七夕彩飾」，以及市鳥的「海鷗」。

新潟縣卷町（現已跟新潟市合併）是新潟平原穀倉地帶的商業中心。町內人孔蓋上畫的是「鯛車」（照片547）。鯛車是用和紙與竹子製作的鄉土玩具，主要流傳於卷地區。據說從江戶末期至昭和中期，每年中元節的時候，身穿浴衣的孩童都拖出點亮的鯛車，在町內緩步遊行。之後，隨著時代的變遷，鯛

546

547

車也從街頭消失了。但近來有些愛好者發起了「鯛車復活項目」，眾人同心致力於推展活動。

長野縣野沢溫泉村（現已改名為「豐鄉村」）的人孔蓋（照片548）畫的是鄉土玩具「鳩車」。圍繞在四周的是村花野沢菜花。鳩車自古就是野沢溫泉村的孩童玩具，這種傳統工藝品使用木通的藤蔓製成。木通的藤蔓色白、平滑，有光澤，可用來編成籃子、小花瓶、燈罩等各種鄉土工藝品。鳩車大約是從江戶末期開始流行，之後，曾經衰退過一段時期，但是到了明治後期，又重新受到歡迎。據說在全國鄉土玩具排名榜之中，鳩車被評為「東方的橫綱」。

548

柳井市位於山口縣東南部，市內消防栓的人孔蓋上畫著金魚（照片549），其實是鄉土工藝品「金魚燈籠」。據說當地最早開始製作這種燈籠，是在江戶時代，起因是從「青森睡魔祭」得到的靈感。每年八月舉辦「金魚燈籠祭」的時候，車站前商店街上

549

「金魚燈籠」的眼睛和嘴巴都是圓滾滾的。

同時點亮數千個燈籠。說到柳井，大家都知道市內的「白牆街景」非常有名，而金魚燈籠則是柳井特有的夏季景色，家家戶戶都在門前掛一盞金魚燈籠。我後來又看到另一款消防栓人孔蓋，上面畫的是金魚噴水，噴出的水量相當多。只是可愛的金魚噴水能否澆熄火災，我心裡卻是打問號。

照片550的消防栓人孔蓋是我在福岡縣甘木市（現已合併爲朝倉市）看到的。蓋上畫的是豆太鼓。甘木市內有一座安長寺，每年舉辦源於古代的「叭噠叭噠市」，直到今天，這項以驅除天花爲目的的祭典仍然持續進行。祭典中，民眾都會購買一種詛咒天花的豆太鼓。其實就是貼著紙製鼓皮的小型玩具太鼓，紙上畫著孩童的臉孔。太鼓的左右兩邊用繩吊著兩顆豆子，兩手夾住鼓柄來回搖轉，太鼓便很可愛地發出「叭噠叭噠」的聲音。據說「叭噠叭噠市」這個名稱也是因此而來。

福岡縣芦屋町位於縣北部的響灘前方，是遠賀川河口的

550

港市。這裡風光明媚，響灘的前方是一片松林，名叫三里松原，面積一直延續到鄰近的岡垣町。町內人孔蓋上畫著稻草編成的「武士騎馬」，武士的背上還背著一面旗幟（照片551）。芦屋町有一項傳統活動，叫做「八朔節」，大約始於三百年前，一直傳續至今。據說每年舊曆八月一日（朔日），家家戶戶要爲第一次迎接朔日的長男、長女準備禮物，男孩能獲得一隻稻草編成的「稻草馬」，女孩則獲得米粉作成的「糰子雛祭娃娃」，藉以祝願嬰兒健康成長。照片的人孔蓋畫的就是「稻草馬」。

552

551

宮崎縣延岡市位於全縣的東北部，是一座工業都市，市內的運動風氣極盛，經常舉辦馬拉松之類的體育活動。照片裡的人孔蓋上畫著兩隻猴子（照片552）。這是延岡的傳統鄉土玩具，名字叫做「猴子旗」。每年五月端午節的時候都跟鯉魚旗掛在一起。猴子旗的上方是一塊紙片作成的小旗，旗

上畫著菖蒲，下方則吊著一隻竹骨棉紙糊成的猴子。紙旗遇風往上飛揚時，紙猴也迅速地順著竹棍上升。猴子旗是祈願孩童健康成長，五穀豐收的吉祥物。

6 各地的特產

水產品

◎ 魷魚

函館市面對津輕海峽，位於北海道西南部，市內人孔蓋上畫的是魷魚跳舞（照片601）。三隻造型可愛的魷魚，各有一雙黑溜溜的眼睛，想必都是魷魚小姐吧。這個彩色人孔蓋，是我在市場旁邊的路上發現的。魷魚是函館市的市魚，也是這個城市引以爲傲的海產。譬如像魷魚素麵、魷魚鹽辛……等，以魷魚爲材料的產品特多，全市都爲了成爲眞正的「魷魚城」而努力。每年夏秋之際，津輕海峽的海面上，無數釣魷船燃起漁火，那景象眞是美如夢幻。

602

601

新潟縣兩津市（現已合併爲佐渡市）位於佐渡島東北部海岸，地理位置相當於新潟縣的大門。「津」即是「港」。加茂湖東北岸有兩個港口，一個叫做夷，另一個叫做湊，因此而有「兩津」這個名字。照片602的人孔蓋，是我辦公室的年輕同事去佐渡旅行時，拍來送我的禮物。人孔蓋上畫的是舊兩津市的市魚魷魚。夜海上的點點漁火，正是捕捉北魷的季節景象。佐渡一年四季都能捕撈各種魷魚，其中又以六月左右容易捕到的北魷最爲美味。

◉海膽

北海道奧尻町位於西南部的奧尻島上，居民都以漁業爲生。町內的人孔蓋上畫的是身上長了幾根尖角的玩偶「海膽寶寶」（照片603）。因爲海膽是奧尻島的名產，所以當地人士便根據北紫海膽的形象，設計了地區吉祥物「海膽寶寶」。這個由眞人穿上服裝扮演的玩偶，有一張大圓臉，頭頂還有幾根橘色觸角，每天站在港口向遊客招手，或者陪伴遊客一起拍照留念。奧尻町曾因北海道西南近海地震帶來的海嘯與山崩，遭受毀滅性的損害，不過我去採訪的時候，當地似乎已

作者的妻子跟「海膽寶寶」合影。

603

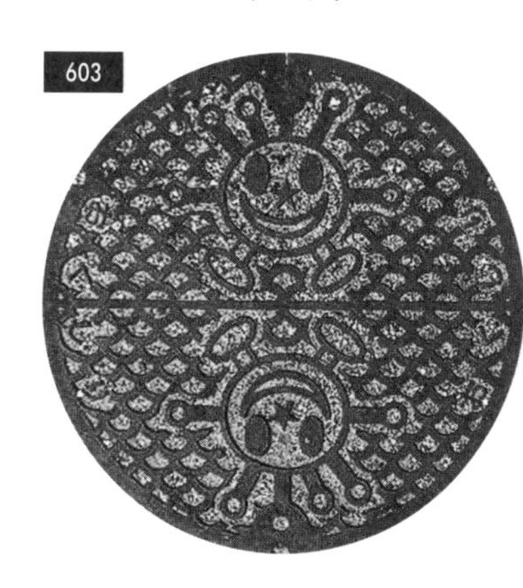

604

重新恢復生氣。

岩手縣種市町（現已合併爲洋野町）位於全縣東北部，三陸海岸的北邊，前方面對太平洋，北面鄰接青森縣。町內的人孔蓋上畫了一位手抓海膽的潛水員，還有幾隻海鷗（照片604）。種市是最早採用「南部潛水」方式訓練潛水員的地方，畫在人孔蓋上的潛水員，是從前種市町的代表吉祥物「潛水員小戴」（「戴」與「潛水員」的英文Diver發音相近）。南部潛水員下海時都穿上厚重的潛水服，跟毫無裝備的「海女」完全不同。二〇〇八年，當地慶祝「南部潛水」誕生一百週年，曾經舉辦過紀念活動。車站前的公共廁所建築模仿潛水帽的形狀，看起來非常特別。

潛水帽形狀的公共廁所。

◎ 扇貝

青森縣平內町位於陸奧灣的夏泊半島南部。町內人孔蓋上畫著扇貝、町鳥的天鵝、町花的山茶花，還有町樹的松樹（照片605）。平內町是日本的「扇貝養殖發源地」，生產量也是全國第一，向來有「扇貝市」之稱。夏泊半島的椿山上長滿了山茶花，總數超過一萬數千，也是山茶花能夠自然生長的最北極限，現在已被指定爲國家天然紀念物。此外，每年十月中旬，西伯利亞的天鵝都會飛到小湊的淺所海岸附近來過冬，現已被指定爲全國唯一的「特別天然紀念物」。

岩手縣山田町位於全縣東部，三陸海岸的宮古市之南，居民大多從事漁業。三陸海岸屬於溺灣型態，是日本極具代表性的風景勝地，山田町的位置大約處於三陸海岸的中央點，四周全被優美的自然環境包圍。町內的人孔蓋上畫的是扇貝（照片606）。山田灣內風平浪靜，甚至擁有「海中十和田湖」的稱號。灣內盛行養殖牡蠣、扇貝、若布、海鞘等海產，其中又以有殼牡蠣的生產量佔全國第一。東日本大地震發生後，海產養殖棚曾經遭受莫大損失，但現在已逐漸走向復興之路。山田町從前也是捕鯨的漁村，町內的自來水止水閥上畫著正在海中遨遊的鯨魚。

606

605

◉ 秋刀魚

氣仙沼市是宮城縣東北部的三陸地方極具代表性的水產都市。市內人孔蓋上畫著市樹黑松、市鳥黑尾鷗、市花山躑躅，還有正在三陸的海面游泳的秋刀魚（照片607）。氣仙沼的秋刀魚捕獲量極高，在全國也是屈指可數的秋刀魚產地，然而，氣仙沼的市魚卻是「鰹魚」，因爲這裡的生鮮鰹魚捕獲量也是日本第一。每年東京目黑區舉辦的「秋刀魚祭」當中，氣仙沼市提供的秋刀魚大約有五千條，全都當場烤熟送給市民分享。有名的落語段子《目黑的秋刀魚》提到的秋刀魚，其實是在氣仙沼的海裡抓到的。

607

608

「秋田名產　八森雷魚～」這首民謠小調「秋田音頭」歌頌的八森町（現已合併爲八峰町），位於秋田縣西北部，町內的人孔蓋上畫著歌詞裡提到的雷魚，還有杜鵑花（照片608）。縱貫全町的五能線是一

到處都能看到畫著雷魚的招牌。

條極受歡迎的地方鐵道，因爲沿線能夠眺望日本海的絕佳風景。雷魚是一種生息在海底泥沙中的深海魚。每年冬季，漁民在狂風大浪的日本海上捕捉雷魚。產卵期是十一月至十二月，魚兒游到淺灘岩石之間的海藻中產卵。雷魚身上沒有鱗片，身長約二十公分，白色的魚肉味道清淡。我最喜歡在乳酸菌發酵製成的飯壽司裡面加入雷魚，做成「壽司雷魚」，但是最近雷魚已變成高級食物，難得能吃得上了。畫在人孔蓋上的「微笑雷魚」圖案，我發現同樣也印在很多招牌上，而且町內到處都能看到。

◉ 鮭魚

從北海道到東北、北陸，一路上都能看到很多畫著鮭魚的人孔蓋。

新潟縣村上市的人孔蓋也一樣畫了鮭魚（照片609）。畫面裡，除了正在飛躍的鮭魚外，還有三面川、村上城遺跡的石牆和松樹。鮭魚從江戶時代起就是村上市的特產，貫穿市街的三面川，也是鮭魚的天然繁殖法首度實驗成功的地方。鮭魚當

609

時是村山藩重要的財源，藩士青砥武平治發現了鮭魚的回歸習性，想出一套保護鮭魚在三面川裡產卵、孵化的「種川制度」，村上藩因而成功地大量增殖鮭魚，並獲得財政方面的補助。市內的「IYOBOYA會館」是日本最早的鮭魚博物館，IYOBOYA即是當地方言的鮭魚。館內設有觀察窗口，遊客可以清晰地看到鮭魚逆流而上的模樣。館內土產店還有充滿鄉土風味的「鹽醃鮭魚」，以及傳統美味「酒浸鮭魚乾」，都令我驚豔不已。

此外，青森縣下田町（照片610），岩手縣宮古市（照片611）等太平洋沿岸地區，也都盛產鮭魚。上述兩地的人孔蓋也分別畫了雌雄兩條鮭魚。我在下田町一直找不到人孔蓋，走過全町，正要拍攝鄰近百石町的人孔蓋時，才發現，原來下田町的人孔蓋位於兩町交界處（下田町與百石町現已合併爲奧入瀨町）。宮古市的彩色人孔蓋是在市政府門前發現的。我是東日本大地震之後到當地採訪，蓋上的油漆已經脫落，看起來斑斑剝剝，令人深切體會震災時的海嘯威力。

610

611

◉鯰魚

吉川市位於埼玉縣東南部與千葉縣的交界處，前方面對江戶川，江戶時代起船運就很發達，同時也是著名的早熟米產地。我在市內並沒找到下水道創意人孔蓋，只看到一個自來水閘門閥蓋上畫著一條可愛的鯰魚（照片612）。吉川市自古就有河魚料理的飲食習慣，鯰魚被視爲城市象徵，市府也傾力推銷「鯰魚之鄉」的形象。聽說市內有一座專門提供鯰魚料理的餐廳，我認爲機會難得，便在那裡吃了一頓午餐。鯰魚的滋味清淡，很適合做成各種料理。車站南口還聳立著一座巨大的金色「鯰魚紀念碑」。

JR吉川車站前的金色鯰魚母子雕像。

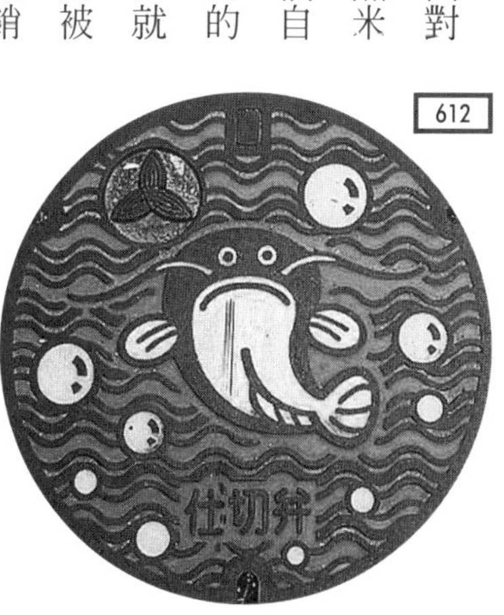

612

群馬縣板倉町是介於利根川與渡良瀨川之間的水田地帶。板倉

豆知識……人孔蓋都採用「鑄鐵」製造。製作過程是將鐵水倒進砂石作成的模型，待其冷卻。這種製法適合大量生產形狀相同的成品，因此人孔蓋與蓋圈都採用這種方式製作。

町內的人孔蓋上也畫著鯰魚（照片613）。附近分布著許多河川與沼澤，河魚料理餐廳也很多，是一座「水鄉之城」。板倉町最具代表性的鯰魚料理，當然首推天婦羅。據說魚肉的滋味清淡不腥，肉質肥膩、柔軟，從鯰魚的外型很難想像魚肉竟然如此美味。板倉町的東側有一座渡良瀨游水地，二〇一二年已獲選爲「拉姆薩公約登錄濕地」。

◉鰤魚

富山縣西北部冰見市的人孔蓋上畫的是鰤魚（照片614）附近地區出產一種名牌魚「冰見寒鰤」，必須是在判定委員會指定的期間內，利用富山灣的定置網捕獲，並在冰見魚市通過拍賣的鰤

冰見市的形象角色鰤王子。

613

614

魚，才有資格稱爲「冰見寒鰤」。魚身重量沒有達到一定標準的，都會被淘汰。另一方面，冰見市跟石卷市、境港市等地一樣，都是「漫畫城」，市內的漫畫大道上有一座「忍者哈特利」塑像，還有作者藤子不二雄將富山灣魚類擬人化後創造的漫畫主角鰤王子，以及許多角色組成的「魚類紳士錄」。

615

◎虹鱒

長野縣明科町（現已合併爲安曇野市）位於長野縣中部，松本盆地的東北端。舊明科町的人孔蓋上畫著町花菖蒲和虹鱒（照片615）。我在車站前方找到一個顏色鮮豔的彩色人孔蓋，明科町是日本最早利用北阿爾卑斯山麓的豐富泉水養殖虹鱒的地方，市內的餐廳可以吃到養殖虹鱒的生魚片，犀川沿岸的菖蒲公園，每年六月都會舉辦「菖蒲祭」。

豆知識……據說明治初期的日本下水道人孔蓋是方格狀的木製蓋板，直到一八八四年，神田污水建成後，才開始使用今天最常見的鑄鐵人孔蓋。

◉ 文蛤

桑名市位於三重縣北部。說起桑名，大家都知道這句俗語：「這是桑名（KUWANA）的烤文蛤」。這句話的日文發音跟「不吃（KUWANA）這一套」諧音而特別有名。桑名市的人孔蓋上果然畫的是文蛤（照片616）。江戶時代起，文蛤就是桑名的名產，由於味道鮮美，甚至得到「海濱的栗子」的稱號。而事實上，現在日本國內市場正在販賣、消費的文蛤當中，大部分都是另一個品種，桑名市才是日本國內能夠捕獲正牌文蛤的少數漁場之一。人孔蓋中央的圖案是舊桑名市的市徽，二〇〇四年重新設計的新市徽中央畫著文蛤，四周則是水與綠色植物組成的圓圈。

617

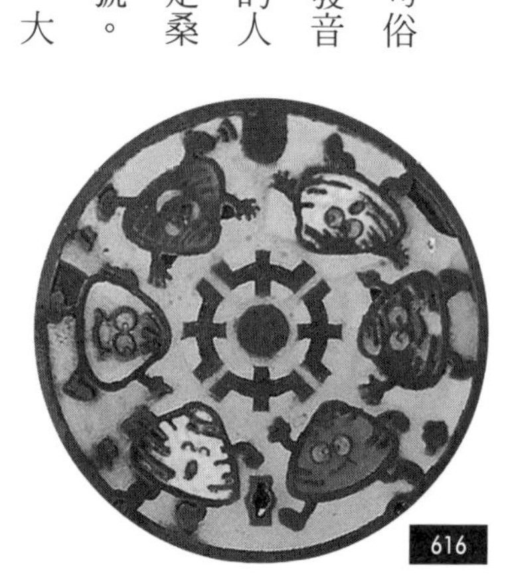

616

◉ 牡蠣

廣島縣廿日市市位於廣島灣的西岸。市內人孔蓋上畫著瀨戶內海的牡蠣養殖棚和牡蠣，還有漁民與船（照片617）。廣島縣的牡蠣產量佔全國第一位，其中百分之十六至十七，都是廿日市市生產。最近從種苗開始各別進行品質管制的「一粒牡蠣」養殖業，已經逐漸成爲趨勢，據說廿日市市也在努力研究，期待能夠推出全國馳名的水產名牌。

◉ 河豚

山口縣下關市最有名的就是河豚。市內的人孔蓋果然如我所期，上面畫的是市魚河豚（照片618）。不過下關市希望這條市魚給大家帶來好運，又因爲「河豚」（HUGU）跟「福」（HUKU）的發音相近，所以給牠取名叫做「阿福」。人孔蓋的圖案也是下關市的註冊商標「福福標誌」，中央的河豚造型顯得平易近人又可愛，環繞魚身的圓圈，其實是下關市的日文名稱中第一個平假名的「し」的變形，圓圈周圍的圖紋表達大海的波濤洶湧。下關是日本河豚的大集散地，全國百分之八十的產品都集中在此，市內的南風泊市場非常有名，因爲這裡是日本規模最大的河豚集散市場。

618

豆知識……日本的圓形人孔蓋在中央加印市徽，這種外觀設計主要是參考英國的先例，從明治後期到昭和初期，東京市和名古屋市分別邀請不同的技術人員接受指導，所以現在日本的人孔蓋造型大致分為兩大派：東京型與名古屋型。

◉ 比目魚

下松市跟下關市一樣都在山口縣內，下松市位於全縣東部，瀕臨瀨戶內海，市內的人孔蓋上畫著一座橋，還有船隻和魚群（照片619）。這座塗成深紅色的橋是一九七〇年建成的笠戶大橋，將市區與笠戶島連結起來。魚群是比目魚，也就是笠戶島養殖的「笠戶比目魚」。魚肉富含脂肪，肉味微甜，是下松市引以爲傲的高級食材。據說一般消費者都認爲，笠戶比目魚的味道比天然比目魚味道更鮮美，如能一面欣賞瀨戶內海的夕陽，一面品嚐魚肉，那簡直就是人間最棒的享受。值得一提的是，一般魚類料理時都是片成三枚，但比目魚通常都是「片成五枚」。老實說，我自己也練習了一番，現已學會了其中訣竅。

619

◉ 鯛魚

德島縣鳴門市位於全縣東北部，前方是以「渦潮」著名的鳴門海峽。鳴門市的污水下水道人孔蓋上畫著大鳴門橋，還有橋下的小船與渦潮，以及正在水中跳躍的鯛魚（照片620）。

620

鳴門海峽的海流湍急，但仍有少數的「鳴門鯛」在這種環境裡生長。而且魚肉緊實，是鯛魚當中的極品。尤其每年春季正是鯛魚的產卵期，魚肉富含脂肪，魚身呈現美麗的櫻花色，被稱爲「櫻鯛」，是極受珍視的魚類。人孔蓋中央還有個很小的圖案，大概是德島縣特產酢橘吧。

◉ 鰹魚

高知縣中土佐町位於全縣中部的土佐灣西岸。町公所位於久禮，這裡也是土佐灣有名的鰹魚漁港。對於跟我年齡相仿的讀者，或許向各位介紹這裡是青柳裕介的漫畫《土佐一竿釣》裡的故事舞台，大家反而更容易了解吧。市內的海邊建了一座鰹魚供養碑，還有青柳裕介的銅像。可惜的是，我在市內並沒找到下水道的創意人孔蓋，只看到一個消防栓人孔蓋上畫著鰹鳥和飛躍的鰹魚，並且豪氣萬千地寫

高知縣中土佐町的大正町市場。

豆知識……畫在人孔蓋上的各種魚類當中，香魚所佔的比例最多。我想可能是因為下水道日漸普及，河川的淨化效果越加顯著，如果利用人孔蓋強調「河裡有香魚」，下水道普及的效果就能受到大家的矚目。

著「鰹乃國」三個字（照片621）。土佐當地人釣鰹魚的方法十分乾脆，只用一根魚竿，連魚餌都不用，而是採用附帶假餌的魚針，叫做擬餌針，這種釣法叫做「一竿釣」。町內每年五月第三個星期日舉辦「鰹魚祭」，祭典中堅持使用新魚上市時期的鮮貨，製成各種鰹魚料理，譬如像鰹魚半敲燒、鰹魚炊飯等，是一項非常特別的美食活動。

621

農產品

◉ 蘋果

照片622是青森縣板柳町的人孔蓋。板柳町位於全縣西部的弘前平原，北面是五所川原市，西南面與弘前市相接。板柳町號稱「蘋果之鄉」，町內的人孔蓋上也畫著蘋果樹和蘋果花。我騎車經過當地的國道，看到沿途盡是蘋果樹。當時剛好碰上採收時

りんごの里
622

期，為了使蘋果的顏色變得更加紅豔，樹下的地上鋪滿鋁箔紙。每年八月，板柳町都舉辦「蘋果燈祭」，祈禱蘋果豐收與採收作業安全。據說在祭典中，掛滿紅燈籠的「蘋果山笠」緩緩划過町內，層層燈籠的造型則象徵著蘋果的果實纍纍。

事實上，秋田縣也是蘋果的產地，只是經常被青森縣掩住光芒。秋田縣的西目町（現已合併為由利本莊市）位於全縣西部日本海的前方，町內的人孔蓋上畫的是舊西目町的町樹黑松，還有當地特產香菇與蘋果（照片623）。西目町非常努力培植矮化蘋果（故意把樹身培養得比較矮），由於矮化蘋果樹的果實長在較矮的枝頭，能夠接受較多的陽光，所以果實的顏色較紅，甜度較高，據說這也是矮化蘋果的特徵。

青森縣只有輕津地方種植蘋果，但長野縣卻是全縣各處

板柳町約三分之一的土地都是蘋果林。

623

豆知識……根據本書作者調查得知，人孔蓋圖案的主題以「花類」最多。收集的照片當中，花類就佔據一百多種，其中又以杜鵑花最多（包括躑躅在內），約有兩百八十個以上的市村町人孔蓋上，都有花類出現，大部分只畫了花朵，也有些是綻放枝頭的花朵。

都產蘋果。照片624是三鄉村（現已合併爲安曇野市）的人孔蓋。三鄉村位於長野縣西部的松本盆地中央地帶。村內的人孔蓋上畫著北阿爾卑斯山脈的常念岳，純白的蘋果花，中央則是鮮紅的蘋果。蘋果既是當地特產，也是改制前的村花。我到達當地後，因爲想找個陰涼處休息一下，所以便繞到村公所門前，剛好玄關外有個彩色人孔蓋作爲裝飾，我就拍下這張照片。

長野縣三水村（現已合併爲飯綱町）位於全縣北部斑尾山南麓，村內的人孔蓋上也畫著蘋果花和果實（照片625）。說起蘋果，現在我們常吃的，幾乎全都是明治時代之後從國外引進的西洋蘋果，而飯綱生產的卻是日本品種「高坂蘋果」，這種全國極爲罕見的品種，現已被指定爲飯綱町天然紀念物。這種蘋果的成熟是，果實從樹上掉落之前，果皮便先剝落，據說江戶時代的善光寺曾經出售這種蘋果，一般人買來當作中元節祭祀祖先的供品。

624

625

626

長野縣南部飯田市的人孔蓋主題也是蘋果（照片626）。蓋板上畫了三個鮮紅的蘋果。市中央有一條大路，兩旁種植「蘋果路樹」，全長約四百公尺。這是一九四七年的「飯田大火」之後種植的，一方面希望路樹成為災後重建的象徵，一方面也期待這些蘋果樹起到防火地帶的機能。這段道路現在深受觀光客熱愛，同時也獲選為「日本道路百選」之一。人孔蓋下方那個較大的蘋果當中，是飯田市的市徽。

◉ 橘子

蘋果是北國的植物，橘子則是南國的水果。

靜岡縣三日町（現已合併為浜松市）位於名湖北岸的鄉間，前方面對豬鼻湖。町內的人孔蓋上畫著橘子和豬鼻湖上泛遊的帆船（照片627）。三日町種植的「三日橘」全國馳名，其中最具代表性的品牌「青島」，甜度極高、味道獨特、果實較大、形狀扁平……都是這種品牌的特點。畫面中的遠方有一座

627

愛宕山上佈滿了橘樹梯田。

大橋，是連結三日町與浜名湖之間的新瀨戶橋。

愛媛縣西部的八幡市也是全國數一數二的橘子產地。從車站通往渡船中心的路上，我無意中回頭瞭望一眼，看到愛宕山的斜坡上全都是橘樹梯田。周圍的山坡還種植著溫州橘、伊予柑、凸椪、椪柑等。

市內人孔蓋上畫著市樹的橘樹，樹上長滿果實（照片628）。蓋上的市徽還是從前合併前的舊徽，但後來在渡船中心也看到有些人孔蓋印著八幡市跟保內町合併後的新市徽。

628

高知縣香我美町（現已合併爲香南市）位於全縣的中東部，前方面對土佐灣，町內面積呈現細長形，向內陸方向延伸。香我美町是「北山橘」的特產地，當地利用北部山南、山北地區種植這種橘子。我從鄰近的夜須町（現已合併爲香南市）進入香我美町後，立刻看到一幅截然不同的人孔蓋圖案（照片629）。中央

629

是利用橘子設計的町徽，四周畫了很多橘子花。「北山橘」是從江戶時代流傳至今的品種，特徵是酸味與甜味之間保持極佳的平衡狀態。

我還看到路邊有根形似相撲選手的柱子，頭部做成橘子形狀。據說那是第三十二代相撲橫綱・玉錦的墳墓。

長崎縣多良見町（現已合併爲諫早市）位於全縣中南部，前方面對大村灣。町內的人孔蓋上畫了一個很大的橘子（照片630）町內沿著大村灣修建的207號國道，是一條絕佳的飆車道路，別名叫做「橘子路」。大村灣岸的伊木力地區爲中心，周圍全是橘子栽種地，種植的橘子種類屬於「伊木力系」的直系品種，屬於日本溫州橘的兩大系統之一，皮薄、甜度高，深受消費者喜愛。

大分縣臼杵市的農村排水人孔蓋上畫的是市樹的臭橙（照片

多良見町改制前的建築物印著橘子吉祥物。

土佐出身的橫綱當中，很多人都來自香南市。

631）。臼杵市因有一座國寶石佛而著名，最具代表性的農產品則是臭橙。這種柑橘類樹木自古就被種在民家的庭院裡，現在則是臼杵市的特產果樹。據說最早是由江戶時代的醫師宗源，從京都帶回樹苗，臼杵市才開始臭橙的栽植。說來有趣，我只盯著人孔蓋上的圖畫，嘴裡竟不知不覺地湧出好多口水呢。

631

◉ 葡萄

632

山梨縣的勝沼町（現已合併爲甲州市）位於全縣中央地帶的甲府盆地東端，是日本年代最久，面積最大的葡萄栽植地區。町內的人孔蓋果然不負所望，上面畫著密密麻麻的「葡萄的果實」（照片632）。從江戶時代起，勝沼町是山梨縣固有品種「甲州葡萄」的主要產地。之後，隨著明治的近代化，勝沼町也開始栽培西洋品種的葡萄，並

勝沼町的巴士車身裝飾著葡萄。

且投入葡萄酒的生產，現在當地已成爲葡萄與葡萄酒的一大產地。町內有很多觀光葡萄園，提供遊客品嚐各種品種的葡萄，同時還經營許多國際評價極高的酒窖。

岡山縣船穗町（現已合併爲倉敷市）位於全縣南部，町內人孔蓋上的葡萄是當地特產麝香葡萄（亞歷山大麝香）（照片633）。這裡生產的溫室麝香葡萄佔全國總生產量的四成左右。外號叫做「葡萄女王」的麝香葡萄具備許多特徵：果皮顏色呈祖母綠，香氣優美，甜味獨特。圖畫裡，環繞著麝香葡萄的應是舊船穗町的町樹山櫻。除了船穗町之外，岡山縣還有另外幾個町村的人孔蓋都是以葡萄爲主題。

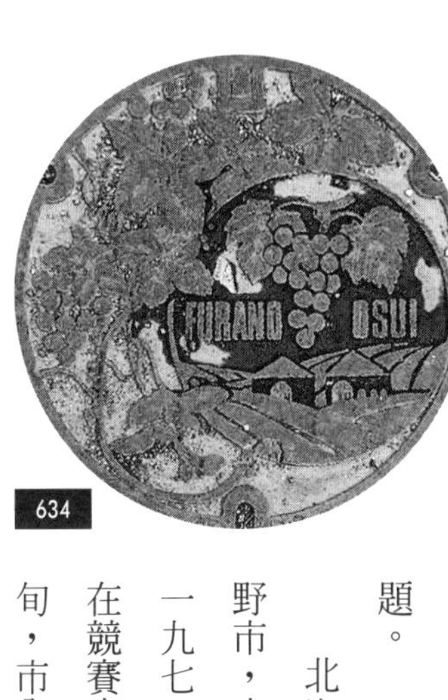

634

633

北海道種植的葡萄都是用來釀酒。位於中央地帶的富良野市，市內人孔蓋上就畫著葡萄和酒窖（照片634）。富良野從一九七二年開始釀造葡萄酒，之後，不斷致力於技術改良，並在競賽中數度獲獎，現在總算躋身實力派的一員。每年九月中旬，市內舉辦一場「富良野葡萄酒祭」，遊客在這兒可同時享

635

用北海道的葡萄酒與其他特產，如乳酪、香腸等。不會喝酒的遊客也不用擔心，因爲會場也準備了「葡萄汁」。

北海道池田町位於東南部的十勝平原東部，也是「十勝葡萄酒」的產地。我爲了尋找創意人孔蓋，從車站走向町公所，最後終於在路上找到照片635的人孔蓋。池田町最初是因爲遭遇地震、寒害，爲了改善町內財政危機，才決定從事葡萄酒製造業。一九六〇年，町內的青年從零開始，動手學習栽培葡萄。町內的山丘斜坡上建了一座「葡萄酒城」，四周全被葡萄園包圍，城樓的地下室設有成熟室，還向遊客提供展示，介紹葡萄酒的製作過程，一樓設有試飲區，遊客可自由試喝十勝葡萄酒。

池田町的葡萄園分布在十勝平原之上。

◉ 桃子

福島縣保原町（現已合併爲伊達市）位於福島盆地東部，與縣府福島市相接。町內的人孔蓋上畫著淡粉色的桃子（照片636）。阿武隈川流域盛產桃子，我騎車經過當地時，樹上的桃子都已套上紙袋，正在等待採收。保原町是全國數一數二的桃子產地，年間收穫量高居全縣第二，僅次於福島市。人孔蓋圖案裡圍繞在桃子周圍的圖形，似乎是舊保原町的地形圖。

一般人提起山梨縣，都會立刻聯想到葡萄，其實山梨縣生產的桃子也很多。甲府盆地東部的一宮町（現已合併為笛吹市），人孔蓋上畫的就是桃花和桃子（照片637）。山梨縣號稱「水果王國」，位於縣內的笛吹市卻擁有其他地方沒有的桃子。市內開設了很多觀光果園，每年桃花盛開的季節，都吸引很多賞花團前來觀光。由於桃樹都是種在溫室，即使碰到下雨也不必擔心，遊客盡可放心欣賞美麗的粉色花朵。

637

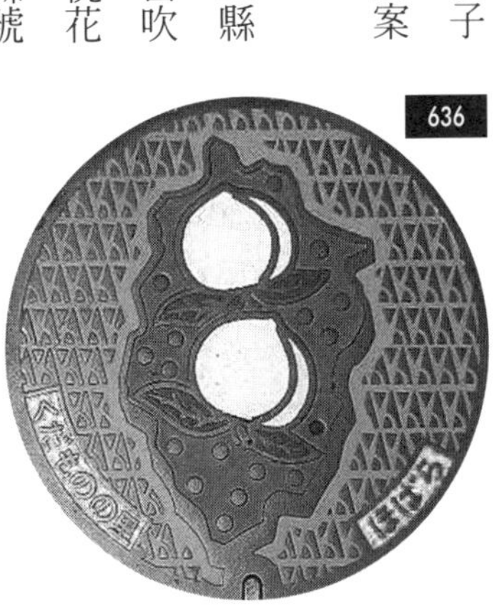
636

豆知識……人孔蓋圖案的主題以「花類」最多 其中數量佔第一位的是杜鵑花 其次是櫻花 大約有兩百二十個市町村的人孔蓋上畫著櫻花。圖畫的構圖有很多種 譬如有些只畫一朵櫻花 卻把花朵畫得很大；也有些是用分散的花朵裝飾畫面；甚至還有些畫了整棵樹，樹上開滿櫻花。

638

639

◎柿子

長野縣高森町位於全縣的南部，也就是飯田市北面的天竜川中游西岸。照片638的人孔蓋上畫的是柿乾。由於天竜川帶來的朝霧，還有冬季氣候造成寒暖的溫差，高森町的柿乾受到這些外在影響，柿子裡面原本的甜味逐漸形成結晶，柿皮外面也自然生出一層白粉。這就是當地的特產柿乾「市田柿」。每年秋季，家家戶戶的屋簷下都掛滿了柿乾串成的「柿門簾」，這種景象也是飯田市的秋季特殊景象。

「柿門簾」掛起來，表示寒冬即將來臨。
（信州・長野縣觀光協會提供）

鳥取縣東部的郡家町（現已合併爲八頭町）位於鳥取市的南邊，町內的人孔蓋上寫著「花御所柿之里」幾個字，並且還畫了滿滿的一籃柿子（照片639）。花御所柿是一種甜柿，只有在郡家町才能成長。據說是在兩百年前，野田五郎助從大和國帶來一段樹枝，接枝成功後，才在當地推廣栽植。八頭町號稱「水果城」，全町都以花御所柿與二十四世紀梨爲重心，專心致力於栽培與研發加工品等任務。

◉櫻桃

山形縣寒河江市位於全縣中央地帶，是山形盆地西部的農業中心，農產品以櫻桃著稱。我到達當地後，果然不出所料，看到人孔蓋上畫著鮮紅的櫻桃。櫻桃樹也是寒河江市的市樹（照片640）。櫻桃的周圍是市花杜鵑花。據說在當地培植櫻桃成功的人，是鶴岡出生的庄內藩士本多成允。他後來擔任過寒河江町的町長。一八八七年前後，本多成允在自家周圍試種櫻桃，並盡力教導與普及櫻桃種植法。一九六四年起，寒河江市每年舉辦「櫻桃祭」，會中的活動有趣又多采，譬如像吹果核比賽、馬拉松賽跑、俳句大會、品評會等。六月的寒河江市區幾乎到處都能看到櫻桃。

640

寒河江的櫻桃結出鮮紅的果實。

東根市跟寒河江一樣，同樣位於山形縣內。市內有個車站叫做「櫻桃東根」。這裡是山形縣的櫻桃栽培中心。我在市內找到的人孔蓋（照片641），果然也畫著櫻桃和櫻桃葉。東根市是全國知名的果樹王國，也是全日本櫻桃產量最多的地方。號稱櫻桃之王的「佐藤錦」，就是在東根市培養出來的。一九二八年，佐藤榮助經由品種改良而研發出新品種「佐藤錦」。

◎ 西瓜

岩手縣滝沢村（現已改制爲滝沢市）與縣府所在的盛岡市相鄰，二〇一四年改制爲市之前，連續十年蟬聯「日本人口最多的農村」的寶座。照片642的農村排水道人孔蓋上畫的是當地名產滝沢西瓜。岩手山富含火山灰，土壤排水良好，加上晝夜溫差大的氣候，所以西瓜的果肉香甜多汁。

642

641

滝沢村的西瓜形瓦斯儲槽。

茨城縣南部的協和町（現已合併爲筑西市）的農村排水道人孔蓋上畫的是大太陽照耀下的黃瓜與西瓜（照片643）。這裡是國內數一數二的「小玉西瓜」產地，並被縣府指定爲有名品牌產地。這種經由品種改良而生產的小西瓜，大小只有成人的手掌那麼大。據說因爲在新幹線「小玉號」誕生那年改良成功，所以取名「小玉西瓜」。

◉蜜瓜

靜岡縣淺羽町（現已合併爲袋井市）位於全縣西部的太田川下游左岸。這裡是高級麝香蜜瓜「皇冠蜜瓜」的產地，町內的人孔蓋上畫的也是特產蜜瓜（照片644）。每棵樹上只留下一顆果實，其他全部摘掉，以便讓所有的營養都集中滋養這顆最高級的蜜瓜。皇冠蜜瓜的特徵是外觀好看，味道特佳，是名符其實的果中之王。

從秋田縣北部的能代市向南前進，不久，就能看到前

643

644

方有一根被龍盤繞的柱子。這是八竜町（現已合併爲三種町）入口的標誌「龍塔」，也是當地的農產直銷站。八竜町位於八郎潟地圍墾區的西北面，居民大多從事農業，蜜瓜是當地特產。町內的人孔蓋上也畫了一顆顯眼的蜜瓜（照片645）。這裡生產一種只有八竜地區才有的「三九蜜瓜」，還有很多其他品種的蜜瓜。

645

龍塔上的龍爪抓著蜜瓜。

◉ 栗子

北海道的森町位於駒之岳東麓，町內的人孔蓋上畫的是果皮裂開的栗子（照片646）。也就是町樹「茅部栗」的果實。町內的青葉丘公園有一片「茅部栗林」，已被指定爲北海道天然紀念物，林中還有一百三十多株樹齡超過兩百年的老樹。人孔蓋的周圍畫著町花的櫻花。青葉丘公園和砂原地區的賞花路都

646

是賞櫻勝地。

大阪府能勢町位於全府最北端，夏季氣溫要比大阪市內低三、四度，號稱「大阪的輕井澤」。町內的人孔蓋上畫著栗子，還有長谷的梯田，以及茅草屋頂的民家（照片647）。這裡是「丹波栗」的產地，另外一種叫做「銀寄」的能勢栗，也是深受消費者喜愛的品種，常被用來製作高級和菓子。人孔蓋的左側是町樹的櫸樹。能勢町有一棵樹齡超過千年的「野間大欅樹」，現已被指定爲國家天然紀念物。

愛媛縣西部的中山町（現已合併爲伊予市）位於石鎚山脈向南山坡，町內居民大多從事農林業。中山町利用坡地種植栗子，早已成爲著名的栗子產地。據說江戶時代，「中山栗」呈

秋季結滿果實的茅部栗子林。（北海道茅部郡森町提供）

豆知識……也有很多人孔蓋圖案是以樹木為主題，全部大約五十種樹木當中，松樹佔了壓倒性優勢，共有一百五十多個城市村町採用松樹當做主題畫，理由可從多方面考慮，一方面是因為松樹被很多自治體選為「城市村町之樹」，另一方面，也因為全國各地都有所謂的「名所之松」、「銘木之松」。

獻給德川家光之後，曾獲得幕府將軍的讚賞。人孔蓋上的栗子剛從多刺的果皮裡面露出臉孔（照片648）。中山町的町樹是栗樹，車站前的土產店裡陳列了許多利用栗子製作的商品。

◎ 杏

照片649是長野縣更埴市（現已合併為千曲市）集落排水道人孔蓋。圖畫裡的杏樹上結滿了纍纍的果實。千曲川東岸的丘陵地帶種滿了杏樹，有人形容那情景是「一眼望去十萬株」，每年四月，杏林裡的杏花開放，滿眼盡是一片粉紅。據說每年春天前來賞花的遊客，約有二十萬人。六月下旬至七月中旬是果實成熟期，遊客亦可來此享受採收的樂趣。更埴市的杏果產量佔全國第一位，是「日本最大的杏鄉」。

豐收季節的「杏鄉」。

648

649

橄欖

香川縣土庄町面對瀨戸內海，全町的面積包括小豆島的西北部與豐島等，是小豆島觀光路線的玄關。照片650是町內農業集落排水道的人孔蓋。小豆島的別名叫做橄欖島，小說《二十四個眼睛》與《橄欖》都對小豆島有所描寫。每年的五月底，橄欖樹上開滿小白花，等到秋天，果實逐漸成熟，慢慢地變成紫黑色。橄欖果肉搾出的「橄欖油」散發出黃金的光澤與色彩，營養價值甚高，因此被稱爲「植物油女王」。

650

小豆島的橄欖公園。

南瓜

從愛媛縣松山市搭乘伊予鐵道，到達見奈良站下車，重信町（現已合併爲東溫市）就在車

豆知識……人孔蓋圖案裡的樹木種類，除了第一位的松樹外，其他依次為：銀杏、櫸樹、紅葉。銀杏和櫸樹比較常出現在東日本的人孔蓋，西日本則是紅葉較多。西日本的大阪府比較常把楠木畫在人孔蓋上，或許因為楠木正成曾把河內當作根據地吧。

站附近。町內人孔蓋上寫著「重信」兩字，同時還畫了兩個小孩，以及超過孩童身高的大型「土手南瓜」（照片651）。每年春季舉辦的「土手南瓜狂歡節」，最早只是因爲町內的農業青年到美國進修時，帶回一些「大麥克」南瓜的種子，大麥克南瓜的直徑可以長到一公尺以上，原本只是當作飼料栽培。但是上述狂歡節現已逐漸發展成東溫市的盛大活動之一。人孔蓋上方畫的是東溫市的市徽。二〇〇四年，重信町和川內町合併爲東溫市，這個人孔蓋應是合併後製作的。

651

652

南瓜主題的人孔蓋很少見，下面就讓我再向各位介紹一個。照片652是茨城縣西部總和町（現已合併爲古河市）的農業集落排水道人孔蓋。蓋上畫著從前的町花一串紅，中央部分則是一個露出笑臉的南瓜。茨城縣是全國數一數二的南瓜產地，地位僅次於北海道與鹿兒島縣，總和地區的特產是「京南瓜」，這種南瓜的特徵是味道極甜，口感鬆軟。

◎竹筍

京都府長岡京市位於全府的西南部，是擁有歷史與傳統的市郊住宅區。西元七八四年，桓武天皇建造了長岡京，所以才有這個地名的誕生。長岡京市也是著名的「乙訓竹筍」產地，因爲市內有一座眞言宗的乙訓寺，竹筍就被冠上寺廟的名稱。照片653的人孔蓋上畫著竹子和竹筍，是以京都獨特的方式栽種的竹筍，在筍尖還沒露出地面之前，就先從地下挖出來，叫做「白子竹筍」。由於質地柔軟，澀味較淡，別具一種獨特的風味與美味的口感。

654

同樣屬於京都府的山城町（現已合併爲木津川市），位於京都府南部，木津川東岸。町內的台地盛產竹筍，宇治茶的產量也很多，並設有製茶工廠。照片654的人孔蓋上畫著竹筍和茶葉。據說竹筍的父母「孟宗竹」是在兩百五十年前，從中國傳來日本，然後才移植到山城地方，但現在的「京都山城竹筍」比古代更爲有名。人孔蓋上還畫著紅葉與菊花，兩者

653

分別是從前的町樹與町花。

◉ 洋蔥

大阪府南部的田尻町，位於泉佐野市與泉南市之間，前方面對大阪灣，遠處可以瞭望位於海上的關西國際機場。以往我從不知道，這個機場中央部分的三分之一屬於田尻町，還是後來看了地圖才知道的。町內的人孔蓋上畫了一大堆面帶笑容的洋蔥（照片655）。因爲田尻町是「泉州洋蔥」的產地。而畫著洋蔥的人孔蓋，只有這裡才能看到。

655

E9764
E9948
E16155
E9773
E8643
E16249
E15834
E9098
E16214
E16218

7 各地引以為傲的運動

冬季運動

◉冬季奧運

在這一章裡，讓我稍微改變方向，介紹一些跟運動有關的人孔蓋吧。

提到運動祭典，不能不談每隔四年舉辦一次的奧林匹克運動會。而事實上，那個世界奧運爲主題的人孔蓋，就在長野市內（照片701）。長野市曾在一九九八年舉辦過冬季「長野奧運」，據說在所有冬季奧運會當中，長野是地理位置最南的會場。市內的紀念人孔蓋上畫著奧運標誌，並用英文寫著「第十八回奧運冬季競技大會」。

THE XVIII OLYMPIC WINTER GAMES
©1993NAOC
1998 NAGANO
701

第一次看到這個人孔蓋時，蓋上的油漆已經剝落，看起來破破爛爛的，但是三年後，我又在同一個地點，拍到了修補一新的人孔

長野奧運會場舊址。（信州・長野縣觀光協會提供）

702

蓋。可見長野市非常盡責地維修過這些人孔蓋。

現在談起奧運會，大家都覺得那已是陳年往事，但我想二〇二〇年東京奧運的時候，東京都應該也會製作紀念人孔蓋吧。

照片702也是長野冬季奧運的紀念人孔蓋，是我在野沢溫泉村發現的。蓋上的圖畫跟長野市那款幾乎一樣，但是另外用英文加註了野沢溫泉的名稱。今天的野沢滑雪場，當年就是長野冬季奧運的冬季兩項賽場。儘管野沢溫泉村這款人孔蓋不像長野市那樣塗成彩色，但我拍到照片時，心情卻很興奮，就好像自己得到了奧運銅牌似的。拍完照片後，我又從木島平村騎車越過山口，朝向野沢溫泉的市街奔去，一路上，我眺望著右側滑雪場的綠色斜坡，同時想起以前曾經數度探訪雪中的野沢溫泉。

豆知識……我在北海道芦別市還看到了星座人孔蓋，沿著國道38號線的人行道上，我看到七款象徵「星星飄落的故鄉芦別」的人孔蓋，順序為：獵戶座、大熊星座、射手座、處女座、天蠍座、白鳥座、雙子座。

◉ 滑雪

旭川市位於北海道的中央地帶，也是上川盆地的產業、交通、行政的中心都市。旭川市的人孔蓋上畫了一幅滑雪的景象，叫做「瓦薩滑雪節」。這是一種越野滑雪活動（照片703），每年三月上旬，旭川市都舉辦「國際瓦薩滑雪節[1]」（二〇〇三年起改名爲「日本瓦薩國際滑雪節」）。最先看到這個人孔蓋的時候，我還以爲畫裡的選手是在進行「單杆滑雪」，仔細打量才看出，那是雪地滑雪的景象，背景應是北海道地圖。據說負責製作這個人孔蓋的，是當地一家鑄造工廠，那家工廠也生產北海道的家庭必需品「成吉思汗鍋」，產量爲全國第一。

富良野市位於北海道中央地帶，市內的人孔蓋也是以滑雪爲主題，但圖畫內容卻是高山滑雪（照片704）。「滑雪城富良野」不但每年定期舉辦世界盃滑雪比賽，同時也是全國高中滑雪選拔賽中，高山滑雪項目的主辦城市。這項選拔賽

703

704

705

對高中學生來說，地位相當於「滑雪的甲子園」。所以富良野現已成爲國內的滑雪競技聖地。又因爲雪質良好，所以深受各界好評。照片的人孔蓋上畫著一名飛速滑下山坡的選手，背景是富良野的群山。

青森縣南部溫泉街大鰐町，人孔蓋上畫的是町的吉祥物鱷魚在滑雪（照片705）。大鰐町雖然選出鱷魚作爲「町動物」，但町名裡出現「鰐」字的理由，卻因爲一個傳說，據說從前有一隻巨大的山椒魚住在這裡。而滑雪運動在此流行，則是因爲青森弘前師團的軍官參加樂賀少佐[2]的滑雪講習會之後，將滑雪知識帶回來，大鰐町才開始了滑雪運動。一九二五年，第三屆全日本滑雪選手選拔賽曾在大鰐町舉行。車站前面有一座粉紅色鱷魚塑像，鱷魚面帶笑容扛著滑雪杆。其實我覺得鱷魚跟滑雪，一點都不相配。

飯山市位於長野縣北部，千曲川下游的西岸，以多雪的氣候著稱，也是日本數一數二的

1 國際瓦薩滑雪節：為了記念滑雪發源地瑞典的國王古斯塔夫・瓦薩而開始的一種活動，因此便以國王的名字起名。國際瓦薩滑雪節也是越野滑雪大會的原點，日本為了繼承這項滑雪節的傳統，於一九八一年起，定期在國內舉辦「日本國際瓦薩滑雪節」。

2 樂賀少佐：將滑雪傳進日本的奧地利軍人。一九一〇年以交換軍人身分來日，向日本陸軍傳授正統滑雪技術。

雪國。我曾經計畫冬季前去採訪，但是到了半路才知道，飯山線前一天起因大雪停駛，所以我只好從長野打道回府。飯山市的人孔蓋上畫著兩個孩童，正在大雪中玩著單杆滑雪（照片706）。兩人都顯得生氣勃勃，一副不畏寒冷的雪國兒女模樣。

706

而事實上，即使不在雪國，也還是能玩滑雪。另一張照片的人孔蓋上畫著一個正在玩雪橇的男孩，這個人孔蓋屬於佐賀縣東北部偏遠郊區的基山町（照片707）。町北有一座基山，山頂至停車場的那段山坡，地形富於變化，遊客可利用地形享受「滑草」的樂趣。每年春秋兩季是滑草旺季，主辦單位還提供雪橇出租，吸引很多父母帶小孩去玩。人孔蓋上還畫了町樹兼町花的杜鵑花。

707

◉ 冰上曲棍球

苫小牧市是北海道南部的工業城市，市內人孔蓋上畫的是「冰上曲棍球」（照片708）。這項運動在苫小牧市與釧路市非常盛行，日本的冰上曲棍球選手幾乎全都來自這兩個城市。市內也有幾個以滑雪爲主題的人孔蓋，但我沒看到任何溜冰主題的人孔蓋。眾所周知，王子製紙的工廠設在苫小牧市，這裡等於就是王子製紙城，市內還有一條「王子大道」。最近，「苫小牧」在高中棒球界也已嶄露頭角。苫小牧的市貝是北極貝，我在市內品嚐了北極貝的生魚片。

708

JR苫小牧車站前迎接旅客的冰上曲棍球少年。

豆知識……彩色人孔蓋的設置場所大致都在市街中心的車站附近、商店街（特別是有遮雨棚的商店街）、縣市村鎮的行政機關附近（尤其是玄關大廳）。但合併後的城市村町就不太可能繼續展示合併前的人孔蓋。

球類運動

◉ 足球

埼玉市的下水道人孔蓋上畫的是市花與市樹（p19），但市內的自來水人孔蓋卻畫著足球比賽的場景。照片709則是消防栓蓋的圖案。如果路上到處都看到這種足球圖案，可眞想上去踢幾腳啊。埼玉市是在二〇〇一年，由浦和市、大宮市、与野市三地合併而成。合併後的埼玉市變成擁有兩支足球隊（浦和紅鑽隊與大宮松鼠隊）的都市。

710

709

靜岡縣清水市（現已合併爲靜岡市）是跟浦和市旗鼓相當的「足球王國」，市內下水道的人孔蓋畫的是市花霧島杜鵑，消防栓蓋卻畫著彩色的足球賽場景（照片710）。像這種表現城市村町特色的消防栓蓋，其實到處都能看到。另外值得一提的是，清水市的自來水閘門閥蓋雖然很小，不容易引起注意，但是蓋上也畫著足球圖案。

另一款以足球爲主題的人孔蓋，設置在神奈川縣橫濱市橫濱球場的周圍，蓋上畫著日本職業足球J1橫濱水手隊的吉祥物・海鷗馬里諾（照片711）。這張照片是我去球場參加某次活動時拍攝的，據說附近共有十幾個同款人孔蓋，但其中只有一個蓋上的馬里諾露出擠眉弄眼的表情。而且這個與眾不同的人孔蓋，經常隨著場內不同的活動而更換位置，我在球場外仔細觀察了一番，發現這裡的人孔蓋使用的都是「創意蓋圈*」，也就是說，人孔蓋表面的圖畫可以任意置換。這種設計雖然達到了多樣化的目的，但創意蓋圈跟人孔蓋板的材質並不一致，令人覺得有點悵然。

711

*創意蓋圈：可用螺釘與螺帽將創意圖片固定在其他蓋板上。創意蓋圈還可配合各種用途，簡便地更換蓋板上的圖片。

豆知識……二〇一四年三月，第一屆人孔蓋峰會在東京神田召開。主辦單位是GKP（下水道宣傳平台），由國土交通省、日本下水道協會，及各地方公共團體提供協助，總共邀集約三百名愛好者、學者、媒體記者等共聚一堂。

籃球

秋田縣能代市的「能代役七夕」（p130）是遠近馳名的祭典，另一方面，能代市也是有名的「籃球城」。照片712的人孔蓋中央畫著一顆籃球，上方則是在「能代役七夕」祭典裡登場的金鯱。周圍環繞著「能代」的羅馬拼音字母「NOSHIRO」。而在字母「O」的圓圈裡，又畫著市花的玫瑰。能代市的能代工業高校是一所籃球水準極高的學校，曾多次奪得全國冠軍，全市都傾注心力爲球隊加油。能代站和東能代站的月台上甚至還設置了籃球的籃板。

712

JR東能代車站裡的籃球籃板。

少年棒球

秋田縣中央地帶的神岡町（現已合併爲大仙市）有很多釀造工廠與木材加工廠。町內的人孔蓋上畫著一個少年，身穿和服長褲，腳踏木屐拖鞋，正在練習棒球（照片713）。神岡町正是「少年棒球的發源地」！這個人孔蓋是我在舊町公所的玄關前面發現的。以前我只知道神岡町有個福乃酒廠，生產名牌清酒「福乃友」，還有個刈穗酒廠，生產名牌清酒「刈穗」，但我從來都不知道這裡是少棒的發源地。另外還有一款圖畫相同的人孔蓋，上面寫著「大仙市」，可見神岡町跟大仙市合併之後，從前這款人孔蓋設計也沒被淘汰。

◉ 槌球

看到當地人孔蓋時，我不禁發出驚呼：「啊？這裡就是發源地？」而這個讓我吃驚的地方，就是位於北海道中央十勝平原西北部的芽室町。據說「芽室」這個地名，可能來自愛努語的「MEM・OROPETS」（泉源流出的河川）或「MEM・ORO」（冰凍的洞穴）。照片714的人孔蓋上畫的是槲樹，樹旁有個人手握球杆，

觀光案內所貼出的布告。

正在練習槌球。我們可以看得很清楚，他正用腳踩著一個球。我眞沒想到芽室町竟是「槌球的發源地」！町內不但豎了一塊「槌球發源地之碑」，還開設一間「槌球資料室」。町內的觀光案內所也很自豪地把槌球杆掛在窗口。現在芽室町每年都定期舉辦全國性的公開大賽。

人孔蓋上的運動依然進行中

◎驛站接力賽

每年元旦舉行的箱根驛站接力賽一直是各界矚目的焦點，這項長距離賽跑的起點和終點都在東京大手町，中間點是箱根的芦之湖，全程往返共約兩百二十公里，由十名選手進行接力，算得上是學生長距離賽跑當中，規模最大的驛站接力賽。照片715的人孔蓋，是我在橫濱市保土之谷車站前發現的。事實上，我是因爲看到一本小冊子（橫濱街頭案內）裡提到這個人孔蓋，所以興沖沖地趕去尋找。人孔蓋上畫著兩名賽跑選手，

715

716

看起來都是現代人的模樣，但是圖畫背景卻是江戶時代的「東海道」風景。兩人都正沿著海岸奔跑，海面在他們的右邊，所以應該是在跑「回程」了吧。

下面再介紹另一個驛站接力賽人孔蓋。青森縣東北町位於全縣中東部，下北半島連結本島之處，居民大多從事農業。東北町的別名又叫「驛傳與溫泉之町」。（驛站接力賽的日文是「驛傳競走」，簡稱「驛傳」。）町內從小學生至成人都分別組成了許多接力隊伍，每年町內舉辦的驛站接力賽，總是盛況空前，熱鬧非凡。照片716的人孔蓋上也畫了一位奮勇向前的卡通人物型的賽跑選手。青森縣內舉辦的縣民驛站接力賽當中，東北町曾創下連續十三年獲得町村組冠軍的紀錄。

圖中右側是東北町的地區吉祥物「韋駄天君」。

◉ 划船競賽

埼玉縣戶田市位於全縣南部，以荒川爲界跟東京相接，市內的人孔蓋上畫著賽船場、市樹

717

桂樹，市花櫻草（照片717）。戶田賽船場曾是東京奧運的划船競賽場，當我搭乘新幹線經過當地時，從車窗口就能看到賽場，場內還搭建了聖火台。我去採訪那天，風勢極強，但還是看到很多划船隊的學生，正在迎風練習搖槳。

今天的荒川之上有一座戶田橋，大家利用這座橋梁渡河，但據說明治初期之前，行人想要渡過荒川時，只能搭乘一種叫做「戶田渡船」的木製小船過河。

戶田橋上眺望荒川。

◎賽車

新潟縣中部彌彥村的中心地帶有一座彌彥神社，自古被人稱爲「御彌彥樣」。但我在村內看到的人孔蓋卻沒有畫上這座神社，而是畫著神社背後的彌彥山、通往山頂的纜車，以及神社後方的賽車場（照片718）。以賽車場爲主題的人孔蓋可眞是

718

稀奇！彌彥山是一座孤山，很突兀地聳立在新潟平原上，搭乘纜車登上山頂後，就能眺望新潟平原上遼闊的田園風景。原本應該也能看到海裡的佐渡島，但我去採訪時，剛好春霧籠罩海面，所以就沒有看到。

◎滑翔翼・滑翔傘

秋田縣田代町（現已合併爲大館市）位於全縣的北部，面積範圍從米代川中游北岸一直延伸到青森縣境，居民主要從事林業。眾所周知，這裡是滑翔翼運動與河釣香魚的聖地，同時也經常以特產竹筍爲名舉辦各類活動。照片719的人孔蓋上畫的是滑翔翼、香魚、竹筍。田代町北面的十乃瀨山設有滑翔翼開放區，每年九月舉辦「鴨下杯」滑翔翼大賽。米代川流過田代町的南側，每年八月都在河邊舉辦全國香魚河釣大會，據說米

719

豆知識……有些人拍攝人孔蓋的時候，會順便拎個小水桶。因為蓋板上的圖案凹凸不平，容易累積塵土，如果用水沖掉凹凸間的灰塵污垢，蓋上的圖案看起來比較清晰，照片也會比較好看。但也有些人認為，人孔蓋髒一點，看起來才有氣氛，所以通常抓起相機就開始拍照（本書作者屬於後者）。

代川的支流岩瀨川邊還另外舉辦一場大香魚競釣大會。田代町的特產竹筍叫做「根曲竹」，挖出來之後，立刻烤熟就能吃，味道非常鮮美。

岡山縣的大佐町（現已合併爲新見市）位於全縣西北部的高梁川上游，也就是小阪部川流域。町內人孔蓋上畫著町花石楠花、町樹檜樹、町鳥本樹鶯，還有滑翔傘（照片720）。大佐町中西部的大佐山被稱爲滑翔傘的聖地，山麓上開了很多間專教空中運動的學校。運動員乘著滑翔傘降下時，一面聆聽風聲，一面欣賞大佐山至小阪部川的沿途風景，肯定覺得非常痛快吧。

720

人孔蓋雜學

創意人孔蓋的提案者

大約是在昭和六〇年代，那時大家都覺得人孔蓋只印幾何圖案，實在很無趣，所以想到，何不設計一些具有地方特色的創意人孔蓋呢？據說，當時是由建設省公共下水道課的建設技師提出這項建議，希望各地自治體分別設計當地的人孔蓋，藉此改良下水道事業的形象，加強民眾對下水道的認識，因而展開了一連串創意設計活動。之後，建設省下水道部又監修、發行了一些刊物，譬如像一九八六年出版的《下水道創意人孔蓋二十選》，第二年的一九八七年，又出版了《路上的圖徽》，還有一九九三年的《路面創意人孔蓋二百五十選》，全國各地事業單位因而掀起競相設計的風潮。

全國城市町村的人孔蓋設計風現在越演越烈，有些自治體甚至還把案子包給有名的設計師。但我覺得更值得一提的，是那些受託承製人孔蓋的工廠。因為他們不但要考慮到模型設計、製作費用、模型保管費等各種條件，還得花費心思解決顧客的各種要求，譬如像製造方法之類的問題。

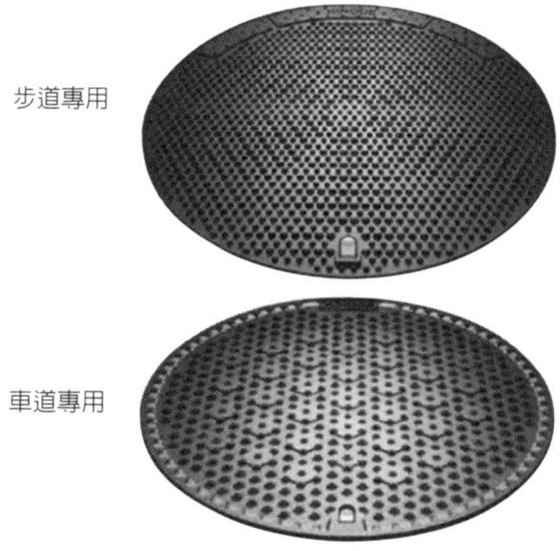

步道專用

車道專用

多次研究後產生的新世代人孔蓋。步道專用蓋不僅加入了防滑、防跌的功能，同時還設想到，萬一輪椅翻倒時，盡量降低輪椅乘坐者受傷的程度。車道專用蓋則加上特殊構造的突起物，即使路面潮濕的狀態下也能避免車輪打滑。

8 有趣的不只是創意人孔蓋

我在本書前面的章節裡已經介紹了很多創意人孔蓋。

但我並不是因爲圖案種類繁多，所以才覺得人孔蓋有趣。就像我在「前言」介紹過照片003（p2）的群馬縣草津町人孔蓋，蓋板上的圖案是由日文片假名「サ（SA）」構成。我數了一下，總共有「九」個。「九」的日文發音是「KU」，也就是說，「九（KU）個サ（SA）連起來，唸成KUSA」，也就是草津的「草（KUSA）」的日文發音。意會過來的瞬間，我不禁讚嘆：「草津市，你們這遊戲好有趣！」

後來，我在草津的街頭閒逛時，又發現了照片801的人孔蓋。蓋板中央印著町徽，剛好就是前面提到的「九個サ」。眞是出人意料！原來那就是町徽……。我做夢也沒想到，町徽竟能畫在整個人孔蓋上。如此脫俗的人孔蓋，實在非常罕見，從此，我開始對城市町村的圖徽產生興趣，再也無法忽視「非創意人孔蓋」。

照片802是水戶市的人孔蓋。中央有個「市」字，周圍環繞三個片假名「ト」（「三」的日文發音「MI」，「ト」的發音「TO」，

801

802

合起來就是「水戶」的發音「MITO」）。照片803是水戶市的市徽。最初我完全看不出圖案裡面有「ト」字，後來看到了照片802，我不禁拍案叫絕：「原來如此！」

照片804是岩手縣久慈市的人孔蓋（第一代市徽）。不知各位是否看得出圖案裡的平假名「じ」？總共有九個。「九」的日文發音「KU」，和「じ」的發音「JI」合起來，就是「久慈」的發音「KUJI」。類似這種能玩「諧音遊戲」的人孔蓋，其實數量相當多。

下面就選出一些人孔蓋照片，請各位猜猜它們是哪個城市町村的圖徽。或許有些地名各位從來都沒聽過，但大家仍可藉此享受推理的樂趣。

803

804

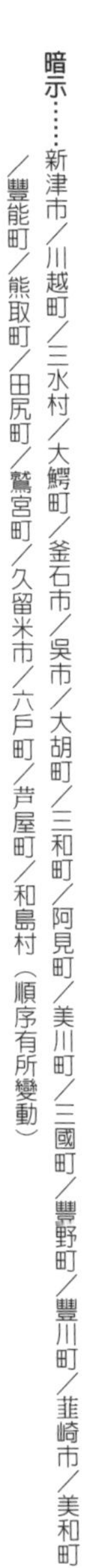

暗示……新津市／川越町／三水村／大鰐町／釜石市／吳市／大胡町／三和町／阿見町／美川町／三國町／豐野町／豐川町／韮崎市／美和町／豐能町／熊取町／田尻町／鷲宮町／久留米市／六戸町／芦屋町／和島村（順序有所變動）

■城市町村圖徽說明

照片No	城市町村名稱（道、府、縣）		
805	室蘭市（北海道）	六個「ロ」字，中央是蘭花	
806	大鰐町（青森縣）	「大」字和兩個圓圈	
807	六戸町（青森縣）	六個「戸」字	
808	釜石市（岩手縣）	兩把鐮刀和四個「イ」字	
809	阿見町（茨城縣）	三個「ア」字	
810	三和町（茨城縣）	三個「ワ」字	現已合併為古河市
811	大胡町（群馬縣）	五個「大」字	現已合併為前橋市
812	鷲宮町（埼玉縣）	四個「ワ」字，中央一個「宮」	
813	新津市（新潟縣）	兩個「井」字，中央一個「ツ」	
814	和島村（新潟縣）	「輪」裡面有四個「マ」字	現已合併為長岡市
815	美川町（石川縣）	「輪」裡面有三個「カ」字	現已合併為白山市
816	三國町（福井縣）	三個「國」字的部首	現已合併為坂井市
817	韮崎市（山梨縣）	兩個「ラ」字	
818	豐野町（長野縣）	四個「ト」字當中一個「の」字	現已合併為長野市
819	三水村（長野縣）	三個「水」字	現已合併為飯綱市
820	豐川市（愛知縣）	四個「ト」字當中一個「川」字	
821	美和町（愛知縣）	三個「輪」字	
822	川越町（三重縣）	「川」的周圍有五個「エ」	
823	豐能町（大阪府）	四個「ト」字，中央一個「の」	
824	熊取町（大阪府）	九個「マ」，中央一個「リ」	
825	田尻町（大阪府）	四個「田」字，中央十個「リ」字	
826	吳市（廣島縣）	九個「レ」字	
827	久留米市（福岡縣）	九個「ル」字，中央一個「米」	
828	芦屋町（福岡縣）	四個「ア」字，中央一個「屋」	

覺得有趣嗎？照片818的豐野町（現已合併為長野市）與照片823的豐能町，兩者的發音皆為「TOYONO」，但是圖案的排列卻有微妙的差別，實在很有意思。照片814的和島村（現已合併為長岡市）發音為「ワシマ」（WASHIMA），圖案的四個「マ」（MA）裡，似乎有兩個「マ」是翻轉過來的。其實以上的解說都是我個人的看法。不過，我想應該「八九不離十」。

一般來說，合併後的城市町村圖徽比較傾向採用抽象圖案。所以大家來玩諧音謎語遊戲的機會，大概會越來越多吧。

作者親手製作的人孔蓋小冊（左）和目錄（右）。迄今拍到的人孔蓋圖片，全都按縣市加以分類，並利用地圖，把親自走訪過的城市町村塗上顏色，以示區別。

❽

有趣的不只是創意人孔蓋

小冊目前已出版到第十三集。很多人孔蓋粉絲都期待獲得一冊。

結語

時間過得眞快，自費出版上一本《日本的人孔蓋教給我的事》之後，已經兩年多過去了。購買那本書的讀者都再三催問：「什麼時候出版下一本？」我也正在籌劃下一部作品的內容。就在這時，剛好接到邀稿的提議，出版社希望我以各地人孔蓋圖案爲出發點，介紹一下日本的文化與歷史。所以我也就順水推舟，欣然接下了寫書的邀約。

創意人孔蓋的主角是各城市町村的「花、樹、鳥」，但由於數量太多，實在很難取捨。這本書裡，我只能以事先訂定的主題挑選一番。有些沒被選中的城市町村，只好請大家多多包涵。

基本上，這本書裡的人孔蓋照片，都是我親腳（腳踏車）前往當地拍攝的成果。其實只要上網搜尋一下，大部分人孔蓋都能找得到，然而，親眼在當地「發現」它們時的那種喜悅，畢竟還是無法取代。尤其是（出乎意料地）在那些還沒有公共下水道的城市町村發現了集落排水道的人孔蓋，或在雨中騎車遇到了設計有趣的人孔蓋時，長途跋涉的疲憊當場煙消雲散，不知跑到哪兒去了。

話說回來，本書能夠刊出這麼多照片，我必須感謝各方人士給予的協助。譬如我從前的同事井上彰三先生，太田裕誌先生，他們也很喜歡攝影，每次都送我照片，還鼓勵我說：「我幫你拍來有趣的東西喔。」還有因爲出版上一本書而認識的「昆蟲藝術研究家」柏田雄三先生，他專門拍攝「昆蟲人孔蓋」，有時也把順便拍到的照片送我，另外還有很多跟我一樣的人孔蓋粉絲（大部分都是跟我同年代的女性），也會在送我照片時說明：「這是旅行時拍來的。」在此，想向各位朋友表達由衷的謝意，並說一聲：「謝謝各位，請大家今後繼續給予關照。」

我的人孔蓋探訪之旅才走到半途。往後，我還會繼續扛著自行車，或單手抓著火車時刻表在旅途奔波。這本書現在就暫時寫到這兒，期待將來還有機會再向各位介紹有趣的人孔蓋，並附上我的短評。

撰寫本書的過程中，我參考了各城市町村與觀光協會的資料，藉以補充內容，在此一併向各單位表示感謝。

最後，還要向「兒童俱樂部」的二宮祐子女士說聲謝謝。她不僅對本書的結構提出建言，還幫我修改不通的文章，並且肩負本書的編輯任務。另外，也要感謝

「N&S企劃」的吉澤光夫先生，他幫我把近四百張照片剪下來，重新安排設計，以便讀者更容易理解。而我就在大家「半哄半捧」的氣氛中，自我感覺良好地完成了這本書。

石井英俊

二〇一五年六月

人孔蓋

低頭看見腳下的歷史藝術館

※文中介紹的市鎮名稱是發現人孔蓋時的名稱。
合併前的舊市名稱，放在合併後的市政府的名稱之後〔 〕中。

●各章章名頁的照片（人孔蓋風景）

p7……京都府京都市大和大路通

p55……從街道眺望富士山

p83……富岡紡紗的出入口（群馬縣富岡市）

p123……大阪 · 岸和田地車祭

p165……山口故里傳承總和中心（山口縣山口市）

p201……春天的蜂斗菜

p237……北海道馬拉松競賽

p255……伊香保溫泉的小路（群馬縣澀川市）

國家圖書館出版品預行編目資料

人孔蓋：低頭看見腳下的歷史藝術館／石井英俊著；章蓓蕾譯. -- 初版. -- 臺北市：健行文化出版：九歌發行，2018.02
288面；14.8×21公分. --（日本再發現；2）
譯自：マンホール：意匠があらわす日本の文化と歴史
ISBN 978-986-95415-7-2（平裝）
1. 道路工程　2. 圖案　3. 日本
442.12　　106025231

日本再發現002

人孔蓋：低頭看見腳下的歷史藝術館

マンホール:意匠があらわす日本の文化と歷史

作者　石井英俊
譯者　章蓓蕾
責任編輯　莊琬華
發行人　蔡澤蘋
出版發行　健行文化出版事業有限公司
台北市105八德路3段12巷57弄40號
電話／02-25776564・傳真／02-25789205
郵政劃撥／0112295-1
九歌文學網　www.chiuko.com.tw
排版　綠貝殼資訊有限公司
印刷　晨捷印製股份有限公司
法律顧問　龍躍天律師・蕭雄淋律師・董安丹律師
初版　2018年2月
定價　350元

書號　0211002
ISBN　978-986-95415-7-2（平裝）
（缺頁、破損或裝訂錯誤，請寄回本公司更換）

索引
各都道府縣人孔蓋設計

※（ ）内是市町村的讀法，000 是照片號碼，〔 〕内是市町村合併後的名稱。
羅馬數字為彩色頁頁碼，阿拉伯數字為本文頁碼。

北海道

青森県

岩手県

宮城県

秋田県

山形県

福島県

茨城県

栃木県

群馬県

埼玉県

千葉県

東京都

神奈川県

山梨県

長野県

新潟県

富山県

石川県

福井県

静岡県

岐阜県

愛知県

三重県

滋賀県

京都府

大阪府

兵庫県

奈良県

和歌山県

鳥取県

島根県

岡山県

広島県

山口県

徳島県

香川県

愛媛県

高知県

福岡県

佐賀県

長崎県

熊本県

大分県

宮崎県

鹿児島県

沖縄県